地球空间信息理论与应用丛书

测绘地理信息科技出版资金资助

高光谱矿物定量反演模型及不确定性研究

Research on the Quantitative Retrieval Models for Minerals Using Hyperspectral Remote Sensing Data

赵恒谦 著

测绘出版社

·北京·

ⓒ赵恒谦 2019
所有权利(含信息网络传播权)保留,未经许可,不得以任何方式使用。

内容简介

在系统分析矿物光谱成因的基础上,本书从光谱解混和吸收特征提取两个角度出发,对高光谱矿物定量反演精度中的三个影响因素,即光谱解混模型、光谱特征位置、吸收特征提取方法做了较深入的研究,既提出了基于混合反射率光谱重建的光谱解混模型精度评估体系,如自然对数-包络线去除解混模型、比值导数光谱解混模型、参考背景光谱去除技术等,又对高光谱矿物定量反演的思路和初步的系统框架进行了研究。

本书可为从事高光谱矿物定量分析的科学工作者、研究生提供重要参考,同时也可作为地质科学、环境科学等领域科研工作者的参考用书。

图书在版编目(CIP)数据

高光谱矿物定量反演模型及不确定性研究 / 赵恒谦著 . —北京 : 测绘出版社,2019. 1
(地球空间信息理论与应用丛书)
ISBN 978-7-5030-4136-5

Ⅰ. ①高… Ⅱ. ①赵… Ⅲ. ①矿物分析 Ⅳ. ①P575

中国版本图书馆 CIP 数据核字(2018)第 248279 号

责任编辑 王佳嘉 **封面设计** 李 伟 **责任校对** 文 浩

出版发行	测绘出版社	**电 话**	010－83543965(发行部)
地 址	北京市西城区三里河路 50 号		010－68531609(门市部)
邮政编码	100045		010－68531363(编辑部)
电子信箱	smp@sinomaps. com	**网 址**	www. chinasmp. com
印 刷	北京建筑工业印刷厂	**经 销**	新华书店
成品规格	169mm×239mm		
印 张	7. 375 彩插 4 面	**字 数**	141 千字
版 次	2019 年 1 月第 1 版	**印 次**	2019 年 1 月第 1 次印刷
印 数	001－800	**定 价**	49. 00 元

书 号 ISBN 978-7-5030-4136-5
本书如有印装质量问题,请与我社门市部联系调换。

前　言

矿物信息的获取对于人类的生存和发展有着不可取代的重要性。矿物信息具有重要的经济意义，矿产资源的开发利用直接关系到国民经济各行各业的发展。矿产资源是不可再生资源，分布又有极大的不均衡性。因此，如何获取准确的、定量化的矿物信息，是全世界关注的重要课题。此外，矿物信息具有重要的科学意义，定量获取地球及地外星体表面的矿物成分信息，可以有力地帮助人类了解星体的起源和地质演化过程，为人类迁移和环境改造提供基础信息。

遥感地物识别主要依赖于地物的光谱和空间特征的差异。多光谱遥感由于光谱分辨率低，地物的光谱特征没有得到充分展现，地物识别主要依赖地物的空间特征。而高光谱遥感在获取目标对象空间特征的同时，在每个像素内实现了由若干窄波段形成的连续的光谱覆盖，这就让光谱吸收特征的提取成为可能。矿物信息提取是高光谱遥感应用的一个重要领域，而高光谱遥感最初就是在岩矿光谱特性研究中提出来的，并逐渐推广到各个领域。

随着遥感技术的不断发展，遥感信息的定量化已经成为必然的趋势。所谓定量，是将遥感传感器记录的信号与目标参量之间建立起某种映射关系，即用遥感信号反演目标参量信息。高光谱遥感具有更多的波段，在参量反演中可以建立起更为多样化的方程或模型，在定量反演方面具有先天优势。自然界中的矿物种类繁多，且经常处于共生状态，仅仅对矿物进行定性识别往往不能满足现实需求。因此，采用高光谱遥感进行矿物定量反演，成为发展的必然。本书在系统分析矿物光谱成因的基础上，从光谱解混和吸收特征提取两个角度出发，对高光谱矿物定量反演精度中的影响因素做了较深入的研究，提出了高光谱矿物定量反演的思路和初步的系统框架。

矿物光谱成因分析是高光谱矿物定量反演的基础。因此，本书从矿物类型因素、矿物化学因素、矿物物理因素、矿物光谱观测因素及矿物光谱混合因素五个方面系统地分析了矿物光谱的成因，明确了各方面因素之间的相关性，为高光谱矿物定量反演提供理论基础和思路来源。

光谱解混是高光谱遥感的一种重要数据处理方法，它能够将混合光谱分解为不同端元成分的集合，并获取各个成分的丰度含量。针对无地面采样点验证情况下的解混模型精度评估需求，本书总结了混合反射率光谱重建的概念，并提出从光谱维、空间维和综合维对混合反射率重建结果进行全方位分析，建立较为完善的光谱解混模型精度评估体系。在矿物光谱解混算法和物理模型分析的基础上，提出了新的自然对数-包络线去除模型。与线性模型、自然对数模型、包络线去除模型及简化 Hapke 模型等现存模型相比，该模型在矿物粉末混合光谱和航空高光谱数据处理中表现同样出色，在光谱维、空间维及综合维等不同维度的光谱重建精度分析中都获得了最高的精度，其结果受大气校正因素影响也最小，在高光谱矿物定量反演中有非常大的潜力。

混合光谱与端元矿物的相对含量在短波红外谱段近似为线性关系，在该波段范围采用线性混合模型对矿物混合物进行解混具有较高的实用价值。但是，在不同光谱位置，高光谱定量反演模型的精度并不相同，如何有效进行波段选择以提高线性光谱解混精度，是亟待解决的难题。本书基于化学透过率分析中的比值导数法和遥感反射率光谱线性混合模型，提出了比值导数光谱解混模型，并基于该模型进行了光谱位置对于高光谱定量反演精度影响的研究。

矿物吸收特征是高光谱矿物成分识别的基础，基于吸收中心波长、吸收深度等特征参量可以对矿物进行定量反演。针对目前混合光谱中矿物吸收特征无法有效提取的现状，本书对以包络线去除为代表的背景去除算法机理进行了深入剖析，利用坐标系转换的创新思路提出一种参考背景光谱去除技术。该算法能够根据参考光谱波形在原始光谱节点间拟合出特定的背景光谱，并通过背景光谱去除消除背景成分当中重叠特征的干扰，提取出纯净的目标物吸收特征。

本书的研究内容得到了国家自然科学基金（41272364）、国家高技术研究发展计划“863”（2013AA12A302）、中国地质调查局项目（1212011087112）等的资助。项目各方同人对此给予了极大帮助，在此表示衷心的感谢。

由于作者水平有限，书中难免存在缺点和错误，敬请读者批评指正。

目　录

Contents

第1章 绪 论

§1.1 研究背景及意义

矿物信息的获取对于人类的生存和发展有着无可取代的重要性。首先，矿物信息具有重要的经济意义。人类目前使用的绝大多数一次性能源、工业原材料及农业生产资料，都取自矿产资源(梁凯 等,2005)。矿产资源的开发利用直接关系到国民经济及各行各业的发展。与此同时，矿产资源是不可再生资源，分布又有极大的不均衡性。因此，如何获取准确的、定量化的矿物信息，是全世界关注的重要课题。此外，矿物信息具有重要的科学意义。深空探测研究是目前人类科学探索的前沿和热点。定量获取地外星体表面的矿物成分信息，可以有力地帮助人类了解该星体的起源和地质演化过程，判断该星体是否适合生命存活或是否曾经有生命存在，为远景人类迁移环境改造提供基础信息。因此，获取准确的矿物含量信息，对于人类文明的长远发展和延续意义重大。

遥感地物识别主要依赖地物的光谱和空间特征的差异。多光谱遥感由于光谱分辨率低，地物的光谱特征没有得到充分展现，地物识别主要依赖地物的空间特征。而高光谱遥感在获取目标对象的空间特征的同时，在每个像素内实现了由若干窄波段形成的连续的光谱覆盖，这就让光谱吸收特征的提取成为可能。矿物信息提取是高光谱遥感应用的一个重要领域。事实上，高光谱遥感最初就是在研究岩矿光谱特性时提出来的(Goetz et al,1985a,1985b;Goetz,2009)。20 世纪 80 年代，基于 Clark 和 Hapke 等对于岩矿反射率光谱模型的研究(Clark,1981;Hapke,1981;Clark et al,1984)，高光谱遥感在地物勘探中具有的独特优势逐渐被科学界认可，并逐渐推广应用到勘探植被、土壤等各个领域。

高光谱遥感是目前对地表开展大范围地质岩矿信息探测最为有效的技术手段。自 20 世纪 80 年代初美国提出高光谱遥感概念模型并研制成像光谱仪以来，美国、中国、加拿大、澳大利亚和欧洲各国在研发高光谱遥感探测技术方面开展了大量的工作，已经初步形成涵盖从卫星、航空到地面乃至地下的高光谱遥感传感器体系，并在岩矿信息提取方面取得了很多成功的应用案例。

2000 年 11 月美国发射成功的 HYPERION，是第一颗星载高光谱传感器。HYPERION 光谱区间为 400～2 500 nm，包含了岩矿的特征吸收波段(2 000～2 500 nm)，并具有 30 m 的空间分辨率(Folkman et al,2001)。十几年来，

HYPERION在矿物填图、地表信息定量反演等方面发挥了重要作用(Kruse et al, 2003;Farifteh et al,2013)。我国发射的环境一号卫星上搭载的成像光谱仪,光谱波段范围覆盖可见光—近红外波段,经研究可以有效提取地表铁染蚀变信息(Yan et al,2014)。此外,天宫一号同样搭载了成像光谱仪,并在国土资源探测中取得了成功的应用(张良中 等,2014)。

在航空高光谱遥感方面,从1983年世界第一台成像光谱仪AIS-1在美国研制成功以来,许多国家先后研制了多种类型的航空成像光谱仪。其中具有代表性的有美国的AVIRIS、澳大利亚的HyMap,以及加拿大的CASI/SASI/TASI系列,它们在美国内华达州Cuprite地区、我国新疆东天山地区等典型示范区的岩矿信息提取研究中发挥了重要作用(Kruse et al,1999;周强 等,2005;Chen et al, 2007)。与卫星传感器相比,航空高光谱数据具有更高的空间分辨率和信噪比,因此矿物信息提取的精度也更高(Kruse,2003)。我国曾先后成功研制了FIMS、MAIS、PHI、OMIS等一系列航空成像光谱仪,也曾在地质和固体地球领域取得成功的应用(Tong et al,2014)。

地面成像光谱仪在国外起步较早,Applied Spectral Imaging、Resonon和Surface Optics公司等都已经推出成熟的商业产品。利用地面成像光谱仪进行水平观测可以获取山体表面岩性分布信息,并可以和激光雷达数据融合实现立体矿物填图(Murphy et al,2012;Kurz et al,2013)。中国科学院成功研制的地面成像光谱辐射测量系统(field imaging spectrometer system,FISS)填补了我国在地面成像光谱仪研究领域的空白(童庆禧 等,2010)。目前,FISS系列短波红外型号FISS-SR已经研制成功,并在野外矿区调查、矿物样本扫描等应用中取得良好效果(Wu et al,2014)。

岩心钻探是地质找矿工作中的重要环节,可以提供矿产资源的埋藏深度、分布、品位、储量等信息(王晋年 等,2012)。在岩心成分高光谱探测与编录方面,美国科罗拉多大学的Kruse教授将高光谱矿物填图技术用于基于PIMA光谱仪的岩心编录(Kruse,1996)。澳大利亚联邦科工组织研制了HyLogging高光谱岩心编录系统,并向着产业化方向发展(Huntington et al,2006)。我国是矿业大国,岩心量巨大,目前编录仍以传统方法为主。南京地质调查中心成功研制了岩心点光谱扫描系统,能够实现岩心采样光谱的获取和成分分析(Xiu et al,2014)。中国科学院遥感与数字地球研究所研制的岩心成像光谱扫描系统实现了图谱合一,能够快速获取整盒岩心的表面图像和光谱曲线,并尝试利用解混等算法实现岩心成分的快速解译(Wu,2014)。

随着遥感技术的不断发展,遥感信息的定量化已经成为必然的趋势。所谓定量,是将遥感传感器记录的信号与目标参量之间建立起某种映射关系,即用遥感信号反演目标参量信息(Liang,2005)。高光谱遥感具有更多的波段,在参量反演中可以建立起更为多样化的方程或模型,在定量反演方面具有先天优势。自然界中的矿物种类繁多，且经常处于共生状态，仅对矿物进行定性识别往往不能满足现实需求。因此，采用高光谱遥感进行矿物定量反演就成为一种必然。

然而，目前高光谱矿物定量反演在实际地质生产中并未取得很好的推广和应用。很多地矿部门对于遥感的作用和价值认识不足，实际生产中仍以物化探等技术手段为主，遥感只是作为一种辅助性的手段，没有得到足够的重视。遥感地矿应用的主流仍为定性识别，数据源多采用以 Landsat 为代表的多光谱数据，图像处理方法仍以主成分变换、波段比值等为主(刘李，2010)。除去高光谱遥感卫星数据比较匮乏、数据覆盖面积较小等客观因素之外，高光谱矿物定量反演的不确定性是最根本的原因。归结起来，该不确定性主要由两方面因素组成：矿物光谱成因的不确定性和高光谱矿物定量反演模型算法的不确定性。自然界中矿物种类繁多，而同物异谱、异物同谱的现象又普遍存在，再加上矿物光谱混合机理较为复杂等原因，综合导致了矿物光谱成因本身的复杂性和不确定性。目前，虽然对高光谱矿物定量反演模型算法已经有了一些研究，但仍然缺乏系统性的综合评价，矿物含量反演精度仍难以得到保障。从两者的关系来看，前者是后者的基础，而后者是实现矿物定量反演的真正手段，直接影响着最终的精度。

综上所述，高光谱遥感矿物定量反演前景广阔，但由于上述原因，目前尚没有发挥其应有的价值。因此，本书从导致高光谱矿物定量反演的不确定性因素入手，深入剖析矿物光谱成因，对矿物光谱解混、吸收特征提取等典型高光谱矿物定量反演技术开展创新性研究，提出解决不确定性因素的思路和方法，为实现高光谱矿物定量反演的真正应用和推广打下基础。

§1.2　国内外研究现状

1.2.1　高光谱矿物定量反演模型概述

随着高光谱传感器系统的完善和矿物信息提取精度要求的不断提高，仅对矿物种类识别已经不能够满足精细化地质矿产勘查的需求，高光谱矿物定量反演逐渐成为遥感地质的前沿领域和热点方向(Meer et al，2012)。与种类识别算法相比，矿物定量反演不是停留在定性识别的层面，而是更进一步对识别出的矿物成分含量进行半定量甚至定量的分析。根据技术手段的不同，目前高光谱矿物定量反演技术主要分为以下两类。

1. 基于光谱解混的矿物定量反演算法

高光谱传感器所获取的地面光谱信号以像元为单位进行记录，它是像元所对应的地物光谱信号的综合。图像中每个像元所对应的地表，往往包含多种地物类型，而每个像元则仅用一个综合信号记录这些“异质”成分，即为混合光谱(张

良培 等,2011)。在遥感矿物填图中,获取的遥感数据很少存在纯净的单矿物光谱,在 0.35～2.5 μm 光谱区间,岩石反射光谱是其组成矿物反射光谱的综合反映(王润生 等,2007)。从混合光谱中识别出它所包含的独立成分类别及其丰度含量的过程,即为光谱解混(Keshava et al,2002)。矿物光谱解混是目前高光谱矿物定量反演最常用,也是研究最为深入的方法。

2. 基于吸收特征提取的矿物定量反演算法

遥感应用于矿物信息提取主要依赖于矿物成分的典型吸收特征。矿物的诊断性吸收特征可以用一系列光谱特征参量来表示,包括吸收中心波长、吸收深度、吸收宽度、吸收面积、吸收对称性、吸收的数目和排序参数等(陈述彭,1998;童庆禧 等,2006)。根据纯净矿物的诊断性吸收特征,从高光谱数据中提取这些特征参量,尤其是吸收深度,对于矿物定量反演具有重要意义(Sunshine et al,1993)。这类方法要求岩石矿物光谱的诊断性特征描述准确、光谱分辨率高,尤其是对一些具有组分差异的矿物识别时,还需要注意矿物光谱特征的漂移现象。同时,噪声对于这类方法的精度影响比较大,这也对数据的信噪比提出了较高的要求(甘甫平 等,2004)。

1.2.2 矿物光谱解混研究现状及发展趋势

混合光谱在高光谱遥感中是一种非常普遍的现象,而在高光谱传感器获取的典型矿区数据中,很少存在纯净的端元矿物像素,尤其在可见光—近红外波段,岩矿地表数据通常是其组成矿物的光谱信息的综合反映。因此,岩矿光谱解混技术具有非常广泛的实用价值。光谱解混问题最早由 Horwitz 等(1971)于 20 世纪 70 年代初期进行研究,并提出了一种估算不同地表覆盖类型所占比例的解混算法。但是直到 80 年代中期,这种解混算法才真正被应用到遥感图像处理领域(Smith et al,1985;Adams et al,1986)。从此之后,光谱解混技术的研究热情不断高涨,成为高光谱遥感最热门的算法研究领域。光谱解混的目的是求解各种不同物质,即端元在混合像元中所占的相应比例,这个比例称为丰度。光谱解混可以在不需要先验知识的前提下,为各种不同物质定量地生成填图的结果。

根据不同的解混模型,矿物光谱解混可以分为线性和非线性两类。

1. 矿物线性光谱解混

线性光谱混合模型中,像元在某一波段的光谱反射率表示为各个基本端元按照其覆盖面积比例或体积比例线性混合组成的综合反射率(张兵 等,2011)。线性光谱解混问题就是在已知端元光谱反射率和混合光谱反射率的基础上,求解端元成分含量。目前为止,线性解混模型仍是国内外研究最深入、应用最广泛的光谱解混模型(Ichoku et al,1996)。在矿物光谱分析中,线性解混模型也有过很多应用(Zhang et al,2004;Li et al,2014;Schmidt et al,2014)。

线性解混的核心算法比较简单,发展相对成熟,较难有实质性的改进。目前应用较为广泛的是多端元解混算法,以及最新研究的稀疏解混算法。多端元解混算法(Roberts et al,1998)在对每个像元的光谱进行解混时通过改变地物端元的光谱和数目,不断迭代端元光谱集中的所有光谱组合,利用分解后的均方根误差来选择最优分解模型进行光谱分解,使得最终丰度反演结果最佳。稀疏解混算法通过地面测量获得端元光谱库,取代从图像中提取端元的方式,将解混问题变成了高效线性稀疏回归问题(Iordache et al,2011)。

线性光谱混合模型简单高效,物理意义明确,但不同光谱位置线性模型的精度并不相同。王润生等(2007)在实验室进行光谱模拟,对矿物的混合光谱性状做了研究。结果表明,混合光谱与端元矿物的相对含量之间的线性关系随光谱位置发生变化,在短波红外谱段线性关系较强,而在可见光方向非线性特征逐渐加强。因此,在该波段范围内选取线性混合特性较为明显的波段进行线性解混具有较高的实际应用价值。然而,目前缺少算法能够预先对不同光谱位置的线性混合模型精度进行有效评估。

2. 矿物非线性光谱解混

虽然线性解混应用较为简便,但它仅仅适用于光子在颗粒表面的程辐射小于混合尺度的情况。在多次散射效应较强等其他情形中,线性模型并不是最佳选择。例如,矿物之间的光谱混合较为复杂,不同成分颗粒之间发生多重散射,光谱混合有较强的非线性(Clark,1999)。随着对精度要求的不断提高和计算机运算能力的增强,非线性解混模型正获得越来越多的关注。

高光谱非线性光谱混合模型可以分为两类:一类是基于数学理论构建的非线性数学模型,另一类是基于物理模型构建的半经验模型。第一类模型的建立思路是基于数学公式建立非线性解混算法,如双线性方法、核函数方法、神经网络算法等(Haykin,2009;Halimi et al,2011;Chen et al,2013;Heylen et al,2014a)。第二类模型的建立思路则是通过对非线性混合光谱数据进行线性化处理,去除非线性因素,从而实现利用简单的线性解混算法求解。本书研究的目标在于总结具有较强物理机理支撑、在矿物光谱分析中有典型应用的光谱解混模型,并对这些模型进行综合的精度比较分析。所以,物理机理模型的分析是一项重要的研究内容,并且需要和岩矿应用相结合,而在这些方面第二类非线性解混模型较为符合要求。第一类模型往往并非针对矿物混合模型提出,模型精度影响因子较复杂,故在本书中不会涉及。

最具代表性的矿物非线性解混模型是 Hapke 提出的辐射传输模型(Hapke,2012)。Hapke 模型自 1981 年提出以来,已经逐渐发展成为目前应用最为广泛的矿物非线性解混算法(Hapke,1981;Hapke et al,1981;Hapke,1984,1986,2002,2008)。Hapke 模型建立了反射率与单次反照率之间的转换关系,而单次散射反照率是端元成分散射反照率的线性混合(Johnson et al,1983;Mustard et al,

1987)。这样,建立在Hapke光谱双向反射理论基础之上的线性混合光谱分解模型通过单次散射反照率转换,将非线性混合"线性化",即可使用线性混合模型进行光谱分解。但是Hapke模型需要颗粒大小、入射角、散射系数等参数,而准确获取这些参数有较大难度,通常使用的是基于合理假设的简化版本模型(Yan et al,2008)。

包络线去除是光谱分析中常用的一种方法(Clark et al,1984)。包络线是吸收特征叠加的背景光谱,而包络线去除通常是使用原始光谱和包络线光谱相除的方式获得。包络线去除可以有效提取典型吸收特征,并在此基础上提取更准确的吸收特征参量(Meer,2000)。在光谱解混中,包络线去除可以作为一种数据预处理的方式,进而对包络线去除光谱进行线性解混处理。目前,包络线去除已经在地球、月球及火星等星球的矿物解混分析中得到了成功的应用(Kruse,1988;Lucey et al,1998;Pelkey et al,2007)。

自然对数处理在吸收特征分析中有重要作用,有较好消除非线性效应的潜力。在将光谱模拟成多个能量吸收作用的线性混合时,需要将反射率光谱转换为自然对数光谱,然后用高斯函数去模拟各个吸收特征(Sunshine et al,1993)。此外,自然对数处理能够消除亮度对吸收特征深度的影响(Guo et al,2012)。事实上,上述光谱分解是利用反射率光谱来模拟吸收率光谱,而这一模拟只有在非散射介质中传输才严格成立。尽管物理模型并不非常严格,自然对数处理在实际光谱应用中还是取得了非常好的效果,如全球第一款商业化的岩心光谱分析软件"The Spectral Assistant(TSA)",就在数据处理过程中采用了自然对数处理(Berman et al,1999)。

目前,国外已经开展了一些关于不同光谱解混模型精度比较的研究(Plaza et al,2011;Dobigeon et al,2014)。但是这些研究都没有涉及包络线去除或自然对数处理对于解混精度的影响。此外,如何对矿物解混模型的精度进行有效评估,仍缺少相关研究。

1.2.3 矿物吸收特征提取研究现状及发展趋势

1. 矿物吸收特征机理

物质光谱的产生均有着严格的物理机制。例如,分子的能量由电子能量、振动能量和转动能量组成;对于矿物晶体来说,转动能量并不存在,因此矿物光谱吸收机理主要包括金属阳离子的电子转移及阴离子基团的振动过程(Hunt,1970;Hunt et al,1971;Hunt,1977;Hunt,1979)。电子能级之间的能量差距一般较大,产生的光谱仅存在于近红外、可见光范围内。按照光谱区间进行划分,0.4～1.3 μm的光谱特征主要取决于晶格结构中存在的铁等金属元素,1.3～2.5 μm的光谱特征是由矿物组成中的碳酸根、羟基及水分子决定的,3～5 μm的光谱特征则是由Si—O、Al—O等分子键的振动模式决定的。

在可见光—近红外—短波红外波段，光谱吸收特性主要由以下作用决定：

(1)电荷转移。

电子在各个不同能级之间的跃迁会吸收或发射特定波长的电子辐射，从而形成特定的光谱特征，如表1.1所示(童庆禧 等，2006)。

表1.1 常见阳离子光谱特征

阳离子	吸收峰位置/μm
Fe^{2+}	0.43,0.45,0.51,0.55,1.0～1.1,1.8～1.9
Fe^{3+}	0.40,0.45,0.49,0.52,0.7,0.87
Ni^{2+}	0.4,0.75,1.25
Cu^{2+}	0.8
Mn^{2+}	0.34,0.37,0.41,0.45,0.55
Cr^{3+}	0.4,0.55,0.7
Ti^{4+}	0.45,0.55,0.60,0.64

其中铁离子特征起着非常重要的作用，一方面铁元素在地球上广泛存在，另一方面 Fe^{2+} 和 Fe^{3+} 能够与自然界中的 Mg^{2+} 和 Al^{3+} 发生置换作用。当 Fe^{2+} 排在一个正八面体位置时，在1.0 μm附近会产生一个相对较强的宽吸收特征；当其排在一个畸变八面体位置时，往往产生两个能级跃迁，其中一个在1.0 μm附近形成强吸收，另一个在1.8 μm形成较弱的吸收特征。Fe^{3+} 具有对称基态，主要形成一些弱而分散的吸收谱带，并且造成矿物在可见光波段内的反射率较低，可能出现的吸收峰位置在0.5 μm和0.9 μm附近。

(2)晶格振动。

各种晶体由于其结构的不同，由晶格振动所产生的基频位置也不一样。当一个基频受外来能量激发，便会产生基频的整数倍位置的倍频。当不同的基频和倍频发生时，就会在基频和倍频原处或附近产生合频谱带。晶格振动而产生的光谱特性是与其独特的晶格结构相关的，三种代表性的振动基团特征如表1.2所示(童庆禧 等，2006)。

表1.2 常见振动基团光谱特征

振动基团	吸收峰位置/μm
H_2O	1.875,1.454,1.38,1.135,0.942
OH^-	1.40,2.20(Al—OH),2.30(Mg—OH)
$CO_3{}^{2-}$	2.55,2.35,2.16,2.00,1.90

H_2O：水分子可以以单个分子或以分子团形式存在于矿物的特定结构上，成为晶体的基本组成部分，如石膏；水分子也可以存在于晶格中，但并不构成结构的组成部分，如沸石类矿物；水分子还可以吸附在矿物晶体表面上，如蒙脱石；此外，水分子还可以以液态包裹体的形式存于晶体中。水分子由于其振动模式比较复杂，产生的合频位置也比较高。水和羟基在可见光和近红外范围内常见的典型特征波段有 0.942 μm、1.135 μm、1.454 μm 和 1.875 μm。

OH^-：由于 OH^- 的伸缩振动，往往在近红外波段产生特征，其精确位置取决于与 OH^- 相连的金属离子。Al—OH 标准特征在 2.2 μm 附近，而 Mg—OH 的标准特征在 2.3 μm 附近。常见的黏土矿物如高岭石、伊利石与 OH^- 配键的是 Al，所以其标准谱带都位于 2.2 μm 附近。而对金矿蚀变带有指示作用的黄钾铁矾，由于部分镁转换铁而产生 2.3 μm 的标准谱带。

$CO_3{}^{2-}$：在可见光和近红外波段有多个诊断性特征，其中 2.33～2.37 μm 和 2.52～5.57 μm 范围内的特征最强，最常见的方解石的典型特征为 2.35 μm 和 2.55 μm，白云石的典型特征为 2.33 μm 和 2.52 μm，菱铁矿的典型特征为 2.35 μm和 2.56 μm。

(3)色心。

色心的产生是在物质晶体缺陷而引起的电子捕获过程中，发生光子能量吸收导致的。例如，CaF_2 晶体中的 F^- 离子丢失而被一个电子取代时，就会造成红绿光谱吸收而呈现紫色，从而形成色心。色心主要发生在卤化物中。

(4)导带跃迁。

一些矿物往往有两种能级：高能量称为“导带”，电子可以在整个晶格移动；而低能量区称为“价带”，电子被束缚在单个原子上。能级之间的差值称之为“能隙”。能隙在某些电子中非常小或不存在，但在一些电介质中非常大。一些矿物的颜色往往由能隙产生，如硫的黄色。能隙具有指示矿物的作用。导带跃迁主要发生在半导体材料所需的矿物，如硫、辰砂和辉锑矿等。

2. 矿物吸收特征提取方法

矿物反射率光谱波形的影响因素比较复杂，接收到的能量来自光子散射、吸收等多重作用。矿物吸收特征是其中接收到的能量的一部分，可以看作是叠加在一定的背景光谱基础之上的，而最常用的背景光谱就是包络线。包络线去除可以有效突出光谱曲线的吸收特征，并将其归一化到一致的背景上，有利于提取更为准确的吸收特征参量。光谱曲线的包络线从直观上看，相当于光谱曲线的“外壳”，如图 1.1所示。因为实际的光谱曲线由离散的样点组成，所以用连续的折线段来近似光谱曲线的包络线。

包络线去除光谱与原始反射率光谱相比有明显的区别。图 1.2(a)为明矾石和水铵长石的原始反射率光谱，图 1.2(b)为包络线去除后的光谱。进行包络线去除后的光谱取值被归一化到0～1,吸收特征也都统一到一致的光谱背景上,因此可以更加有效地和其他光谱曲线进行光谱特征参量比较,或进行光谱匹配分析。

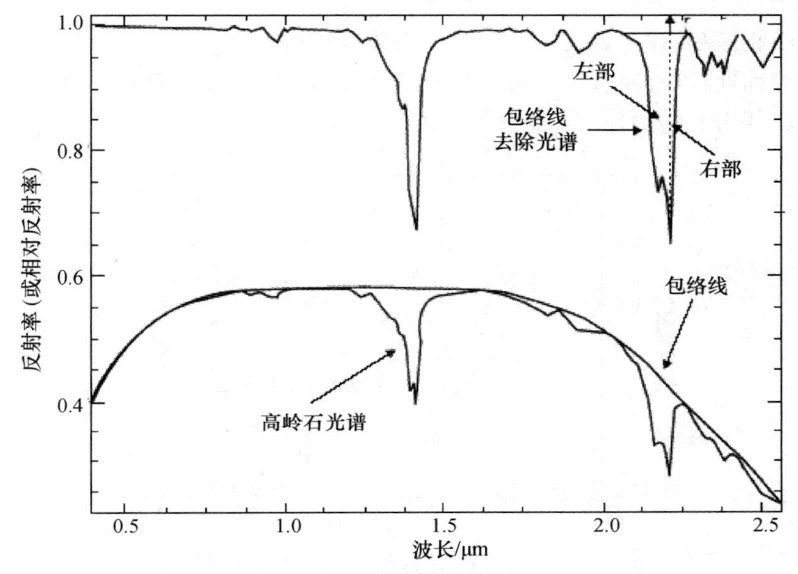

图 1.1 高岭土光谱曲线及其包络线消除后的曲线特征(Meer,2004)

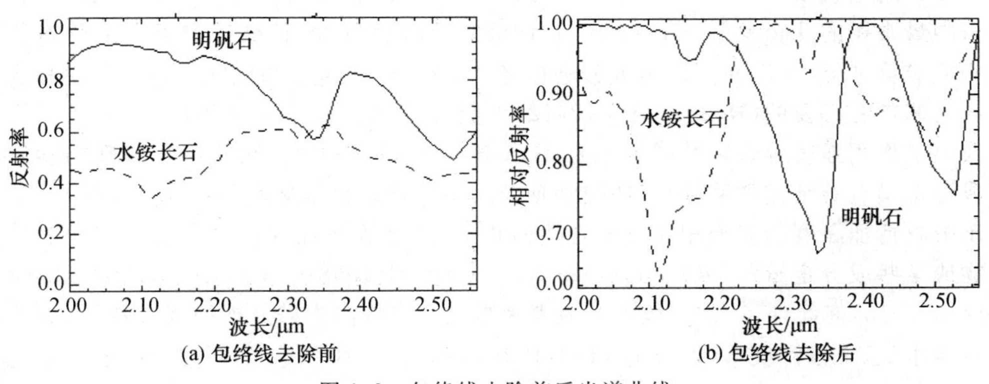

图 1.2 包络线去除前后光谱曲线

3. 光谱吸收特征参量

光谱吸收特征的量化往往建立在包络线去除光谱曲线上,直接从反射率光谱曲线上提取光谱特征不便于计算,需要对其进行包络线去除处理以突出光谱的吸收特征,如图 1.3 所示。基于包络线去除光谱,可以得到一系列可以量化的吸收特征参量,主要包括(童庆禧 等,2006):

(1)吸收中心波长:在光谱吸收谷中,反射率最低处的波长。

(2)吸收深度:在某一波段吸收范围内,反射率最低点到归一化包络线的距离。

(3)吸收宽度:最大吸收深度一半处的光谱特征宽度,即通常所说的半高宽(full width at half maximum,FWHM)。

(4)吸收面积:在一定波段范围内的吸收深度的积分。

(5)对称性:以过吸收中心波长的垂线为界线,右边区域面积与左边区域面积比值的以 10 为底的对数。

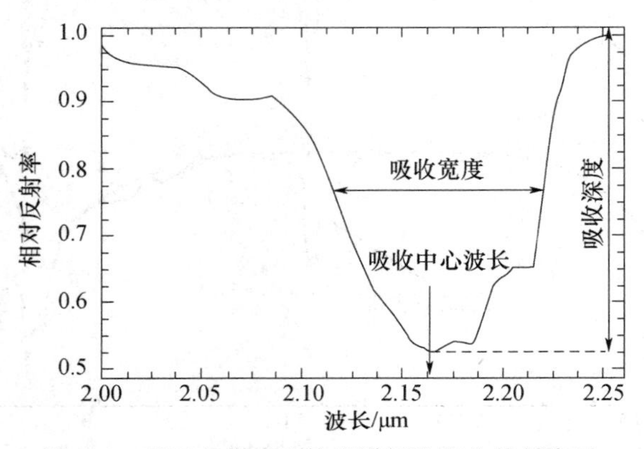

图 1.3 基于包络线去除光谱提取吸收特征参量

在这些吸收特征参量中,吸收中心波长、吸收深度及吸收宽度是在矿物光谱分析中最常用的几个参量(Green et al,1985)。吸收中心波长被证实可以区分多种相似矿物种类,所以在对地表成分进行光谱分析前,了解某些诊断性特征的中心波长是非常有必要的(Rodger et al,2012)。吸收特征宽度是由物质成分、波段区间及离子作用强度等因素共同决定的(Sunshine et al,1993)。吸收特征深度与物质成分含量有着紧密联系,同时还受到颗粒大小等物理因素影响(Gaffey,1986)。基于吸收特征深度与矿物相对含量之间的相关性,吸收特征深度被广泛用于地表矿物或某些成分定量解译(Pieters,1983;Baugh et al,1998;Gomez et al,2008;Haest et al,2013)。此外,一些环境中的地表因素也会影响高光谱数据的吸收特征,如叶片含水量、土壤湿度等(Kokaly et al,1999;Yin et al,2013)。通过建立吸收特征参量和环境因素之间的统计关系,可以估算这些环境因素的影响程度大小,或者得到消除其影响的数据。利用上述提取的光谱吸收特征参量,可以对图像进行分析得到高光谱影像的吸收位置图、吸收深度图及吸收对称性图等;也可以通过提取光谱数据库中参考光谱的光谱吸收特征参数,与高光谱影像光谱进行匹配,从而得到影像的分类图(Kruse et al,1993)。

在描述岩矿吸收特征的参量中,吸收深度因为与矿物含量具有很强的相关性而备受重视,衍生出了一系列更复杂的计算方法。相对吸收深度图(relative absorption band depth image,RBD 图)采用比值运算来增强端元的吸收深度,即根据目标端元的诊断性吸收峰的两侧肩部反射率之和，除以其吸收中心波长邻近两侧的反射率之和的商，来表征端元矿物诊断性特征的相对吸收深度（Crowley et al，1989）。但是，RBD图并没有考虑吸收特征的对称性。连续插值波段比值（continuum interpolated band ratio，CIBR）算法（Jong，1998）和光谱吸收指数（spectral absorption index，SAI）方法（王晋年 等，1996；Meer，2004）的思路与RBD图类似，但引入了对称度因子，使其对吸收特征有了更准确的描述。CIBR是利用诊断性光谱吸收中心波长的反射率值，除以左右肩部的反射率值与吸收特征对称度因子之积的和，产生对应的商图像，用于增强不同矿物的诊断性吸收深度，从而实现矿物种类识别。同理，SAI方法也在对吸收波形参量分析中增加了对称度因子。上述方法与常规比值或彩色增强处理相似，不同之处在于融入了端元矿物的诊断性吸收特征这一先验知识，具有更强的针对性和目的性。

§1.3 高光谱矿物定量反演的不确定性因素

正如前面所论述的，高光谱遥感在矿物定量反演方面具有先天优势，发展高光谱矿物定量反演技术是必然趋势，对于高光谱技术的应用和推广也起着至关重要的作用。然而，由于高光谱矿物定量反演目前仍具有较大的不确定性，高光谱遥感在矿物定量反演中的巨大潜力并没有得到充分发挥。总体来讲，高光谱矿物定量反演主要面临以下几个不确定性因素。

1.3.1 矿物光谱成因的不确定性

在自然界中，矿物的种类非常繁多，而每个种类内部又可以分为许多更精细的品种。虽然目前美国地质勘探局（United States Geological Survey，USGS）光谱库、喷气推进实验室（Jet Propulsion Laboratory，JPL）光谱库等已经收集了大量的典型矿物光谱素材，却仍然无法保证满足所有矿物光谱识别的需求。同时，矿物光谱不仅与自身类别相关，还受到化学变化、物理性质、观测条件等因素的影响。此外，矿物成分通常并不是独立存在的，遥感传感器获取的岩矿信息通常是不同矿物成分的混合。汇总并综合分析矿物光谱成因的各方面因素，是实现矿物定量反演的基础。

1.3.2 矿物光谱解混精度的不确定性

光谱解混是目前高光谱定量反演的主流技术手段，而光谱混合模型是光谱解混算法的基础。不管是粉末混合物还是原始岩块，岩矿不同成分的混合是紧致混合，具有较强的非线性特征，这对高光谱图像的数据处理和岩矿信息提取带来了困难。目前已经有若干在矿物解混中取得成功应用的光谱解混模型，但相关模型的总结、精度评价及适用性分析都还非常欠缺。线性模型作为最简单易用的解混模型，具有很强的实用价值。不同光谱位置线性模型的精度有很大差异，选取高精度的波段进行线性解混是一种提高解混精度的有效方式。但是，目前对于光谱位置对高光谱矿物解混精度影响的研究还缺少有效的技术手段。

1.3.3　矿物吸收特征提取的不确定性

虽然人们已经认识到吸收特征是诊断岩石和矿物最有效的参数(甘甫平 等，2004)，并认为可以利用这些特征直接识别出矿物，并提取出矿物的含量和化学成分，但吸收特征因受混合光谱等多种因素的影响变化非常复杂，吸收特征参量也会相应发生很大的变化，要对这些参量进行准确提取并反演矿物含量仍有较大难度。例如，当某一波段区间包含多个吸收特征因子时，吸收中心波长会受这些因子综合作用的影响而形成较复杂的变化。在提取某一吸收因子的吸收中心波长时，其他干扰因子的影响需要先被排除。然而，通常所用的包络线去除法并不能够直接提取出某一特定因子导致的吸收特征，而是波段范围内各个特征合成的混合特征。在这种情况下，需要有一种算法能够剥离干扰因子，提取出纯净的目标特征光谱。

第2章　矿物光谱成因分析

所谓矿物光谱成因，就是在某种特定条件下矿物的光谱为什么会呈现某种特定形态的原因。总体来讲，不同类型的矿物具有不同的光谱波形，这也是能够基于光谱进行岩矿种类识别的原因。此外，矿物光谱还受到很多因素的影响，如颗粒大小、蚀变作用等。对矿物光谱成因进行总结分析，研究这些因素作用于矿物光谱的机理是提高高光谱矿物定量反演精度的基础。本章对影响矿物光谱的因素进行较为全面的汇总，从五个因素介绍矿物光谱成因：①矿物类型因素；②矿物化学因素；③矿物物理因素；④矿物光谱观测因素；⑤矿物光谱混合因素。

§2.1　矿物类型因素

矿物是在各种地质作用下形成的具有相对固定化学成分和物理性质的均值物体，是组成岩石的基本单位(兆橹，1993)。自然界的矿物很多，目前国际矿物学协会认证通过的有效矿物种类约有 4 100 种，并且仍在以每年 30～40 种的速度增加。矿物的分类方法有很多，较为常用的是根据矿物化学成分分为五类，包括自然元素矿物、硫化物及其类似化合物矿物、卤化物、氧化物及氢氧化物矿物、含氧盐矿物等。根据阴离子还可以将各大类再分成若干类，如含氧盐还可以细分为硅酸盐矿物、碳酸盐矿物、硫酸盐矿物等。

正如 1.2.3 节中所介绍的，矿物的光谱特征主要受阳离子的电荷转移和阴离子的基团振动影响。主要的造岩矿物的第一倍频、振动基频等特征不在可见光—近红外光谱范围内，即在该范围内无法用吸收特征准确地识别主要的造岩矿物，而铁氧化物和蚀变矿物等次要岩石成分则是产生诊断性特征的主要原因。从早期试验得出，热液矿床的蚀变岩中常含有 Fe^{3+}、$CO_3{}^{2-}$、$SO_4{}^{2-}$、Al—OH 和 Mg—OH 离子(基团)，含有这些离子(基团)的矿物在可见光—近红外及可见光—短波红外波谱区间上有明显的吸收和反射波谱带。因此，本书以 USGS 标准波谱库为依据，分别选取了 4 大类共 14 种矿物的波谱曲线进行研究，如表 2.1 所示。通过对各类别代表矿物的光谱特征进行分析，可以了解离子(基团)光谱特征的稳定性，从而为基于典型吸收特征的矿物定量反演提供决策依据。

表 2.1 可见光—短波红外波段具有典型吸收特征的矿物

矿物类型	离子(基团)	代表矿物
铁氧化物	Fe^{3+}	赤铁矿、黄铁钾矾、针铁矿
碳酸盐矿物	$CO_3{}^{2-}$	方解石、白云石、菱镁矿
硫酸盐矿物	$SO_4{}^{2-}$	明矾、石膏、黄钾铁矾
黏土矿物	Mg—OH	绿泥石、绿帘石、蛇纹石
	Al—OH	高岭土、蒙脱石、白云母

2.1.1 铁氧化物矿物光谱特征分析

铁的氧化物在地球表面广泛存在，相关蚀变矿物形成于各种地质作用中，包括热液作用、沉积作用和沉积变质作用等。图 2.1 展示了三种典型铁氧化物矿物的光谱。

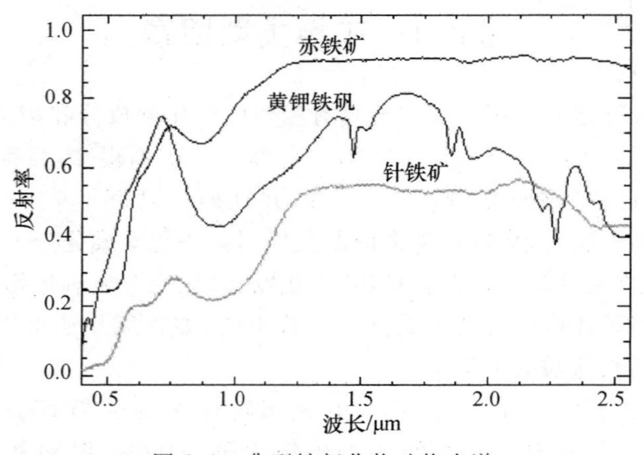

图 2.1 典型铁氧化物矿物光谱

从图 2.1 可以看出，赤铁矿、黄钾铁矾和针铁矿的光谱最大共同特征就是在 0.75～1.1 μm 范围内有非常强的宽吸收特征，其中赤铁矿的特征偏向短波方向，黄钾铁矾的吸收强度最强，而针铁矿的吸收宽度最大。

2.1.2 碳酸盐矿物光谱特征分析

$CO_3{}^{2-}$ 在短波红外波段有五个非常典型的吸收特征，较强的两个分别在 2.35 μm和 2.5 μm 处，相对较弱的三个分别位于 1.9 μm、2.0 μm 和 2.1 μm 处。图 2.2 展示了三种典型碳酸盐矿物光谱。从图 2.2 中可以看出方解石的光谱最具有典型性，上述的这五个特征都非常明显；白云石次之，五个特征都能够分辨出，但三个弱特征已经不是非常显著;而在菱铁矿光谱中,三个弱特征已经基本无法分辨。总体来看,位于2.35 μm及2.5 μm的碳酸根强吸收特征在不同矿物中均较为明显,可以作为碳酸盐矿物的诊断性吸收特征。

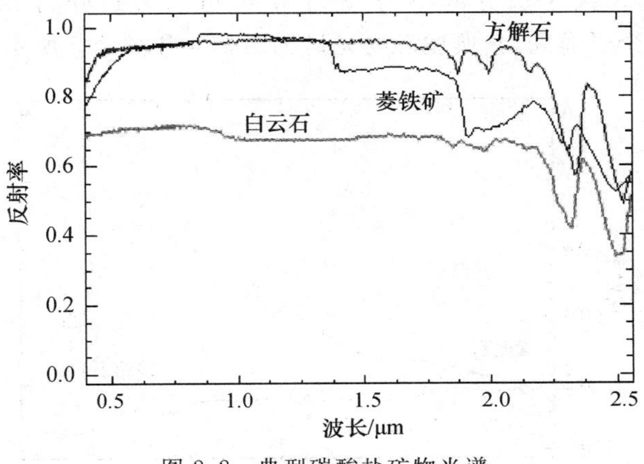

图2.2 典型碳酸盐矿物光谱

2.1.3 硫酸盐矿物光谱特征分析

SO_4^{2-}在1.75 μm处有基团振动导致的吸收特征。明矾石、石膏、黄钾铁矾是三种较为常见的硫酸盐矿物,其光谱如图2.3所示。明矾石和石膏在1.75 μm都有较为显著的吸收特征,然而黄钾铁矾在该波段并没有明显的特征出现。三者共同的特征是位于1.475 μm左右的羟基吸收特征,而这一特征是硫酸盐矿物的常见共有特征。

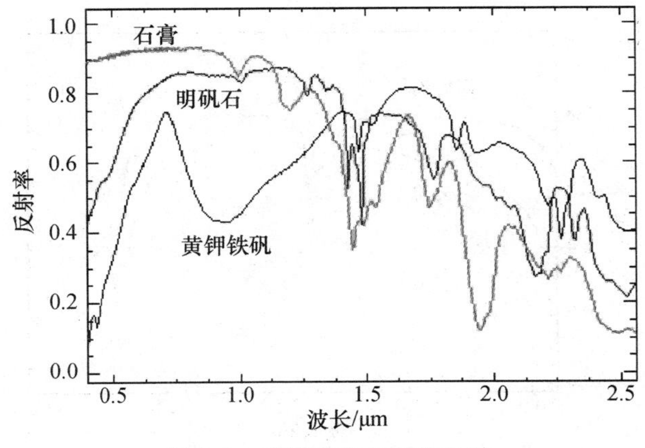

图2.3 典型硫酸盐矿物光谱

2.1.4 黏土矿物光谱特征分析

黏土矿物是组成黏土类岩矿和土壤的主要矿物，是富含铝、镁等离子的含水硅酸盐矿物。根据阳离子成分的不同，黏土矿物可以大致分为 Mg—OH 矿物和 Al—OH矿物两个子类别，其典型矿物光谱如图 2.4 和图 2.5 所示。

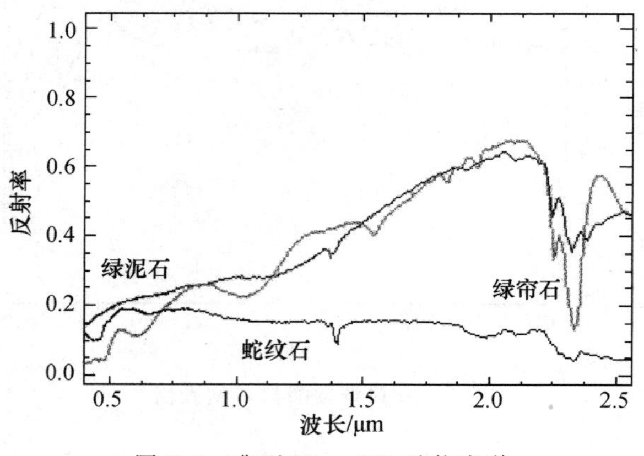

图 2.4 典型 Mg—OH 矿物光谱

从图 2.4 可以看出，绿泥石、绿帘石和蛇纹石这三种典型 Mg—OH 黏土矿物在 2.325 μm 处都具有典型吸收特征，这是由镁离子和羟基之间的作用引起的。因此，这一特征可以作为 Mg—OH 矿物的诊断性特征。此外，绿泥石和蛇纹石在 1.4 μm有羟基的典型吸收特征，绿泥石和绿帘石在 2.255 μm 有由铁离子和羟基作用导致的吸收特征，但这两个特征并不为三种矿物共有。由此可见，绿泥石是最为典型的 Mg—OH 矿物，以上特征综合起来可以作为区分这三种矿物的手段。

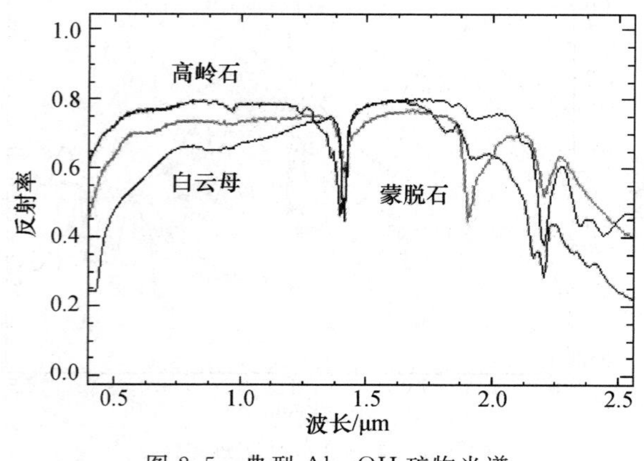

图 2.5 典型 Al—OH 矿物光谱

从图2.5可以看出，高岭石、蒙脱石和白云母这三种Al—OH矿物的光谱较为接近。这三种矿物有三个较为典型的共同特征：第一，在1.4 μm都有非常强的窄吸收特征，这一特征是由羟基和水分子的振动导致的；第二，在1.9 μm附近都有吸收特征，这一特征是由水分子振动导致的，该特征是区分羟基和水分子的有效手段；第三，在2.2 μm附近都有铝离子和羟基作用引起的吸收特征。

对比Mg—OH矿物特征和Al—OH矿物特征，可以发现以下几点：第一，Mg—OH引起的吸收特征在2.3 μm附近，而Al—OH引起的吸收特征在2.2 μm附近，当两者发生置换作用时，吸收中心波长会介于两者之间，所以利用该吸收中心波长可以对黏土矿物的离子置换作用进行定量分析；第二，Al—OH矿物在1.9 μm处有水分子导致的吸收特征，而Mg—OH矿物都没有出现该特征，这说明在Al—OH矿物晶体中有结晶水存在，而Mg—OH矿物中以羟基作用为主，结晶水较少；第三，Mg—OH矿物中大多有铁离子的置换作用，所以导致这三种矿物呈现绿色，而Al—OH矿物则较少出现铁离子置换。

§2.2　矿物化学因素

2.2.1　围岩蚀变因素

围岩蚀变，又称围岩交代蚀变、主岩交代蚀变，是指在热液成矿作用下，近矿围岩与热液发生反应而产生的一系列旧物质为新物质所替代的交代作用（陈松岭 等，2001）。在不同的温度和压力环境下，不同性质（酸碱度、氧逸度等）的成矿流体与围岩必然会处于不平衡状态。为了使两者之间趋向于达到化学与物理的平衡状态，必定要发生物质与能量的交换。这就导致围岩中与流体不平衡的矿物会发生溶解，析出一些元素进入流体中，而另一些化学组分则沉淀下来，形成新的矿物（刘继顺 等，2005）。

围岩蚀变是重要的找矿标志，不仅可以识别地面矿体的形态和位置，还可以指示地下盲矿体的存在（李庆亭，2009）。利用蚀变矿物的种类、分布和强度可以预测矿产的种类、赋存位置及储量等信息。在遥感地质应用中，蚀变矿物的光谱特征是利用遥感技术对其识别的理论基础。但值得注意的是，并不是所有的围岩蚀变都与成矿有联系。因此围岩蚀变只能作为一个间接的找矿标志。常见的围岩蚀变有以下几种（刘继顺 等，2005）：

（1）夕卡岩化：由夕卡岩化形成的蚀变岩石叫夕卡岩。夕卡岩主要是由石榴子石（钙铝石榴子石-铁铝石榴子石）、辉石（透辉石-钙铁辉石）、角闪石及其他一些钙、铁、镁的铝硅酸盐矿物所组成的岩石。在夕卡岩中常有一些含挥发性组分的矿物，如方柱石、萤石、斧石、电气石等，以及绿泥石、绿帘石、蛇纹石、滑石、各类云母、石英及钙、铁、镁的碳酸盐等热液矿物，金属矿物则以磁铁矿、白钨矿、锡石、黄铁矿及铜、铅、锌的硫化物等为主。与夕卡岩有关的矿产主要有钨、锡、钼、铁、铜、铅、锌等。

(2)钾长石化：钾长石化为钾质交代的产物，主要是以钾为主的长石蚀变，包括微斜长石化、正长石化、透长石化、冰长石化，统称为钾长石化。低温热液的钾长石化以冰长石化为主，多发生在中性、弱酸性火山岩中，也可发生在基性或酸性岩中，有时与青盘岩化密切共生。与其有关的矿产主要为火山岩系中的一些金属矿床。钾长石化还包括各类富钾的云母交代蚀变，如黑云母化、白云母化，绢云母化、伊利石化等。

(3)钠长石化：钠长石化是比较常见且较重要的一种围岩蚀变。在花岗岩中，钠长石化常出现在钾长石化之后，其中钾长石经常为钠长石所交代。钠长石化后又可发育云英岩化等，并往往矿化形成铍、铌、稀土等。在碱性岩中的钠长石化，常与稀土、铌、钽、锆、钛等矿床的形成有关。在夕卡岩矿床中，内接触带往往发育钠长石化，与此有关的主要矿产有铜、铅、锌、黄铁矿等。

(4)云英岩化：一种发生在花岗岩类岩石中的高温热液蚀变。云英岩化除形成主要特征矿物石英和白云母外，还可形成锂云母、黄玉、电气石、萤石、绿柱石、黑钨矿、锡石、辉钼矿等。云英岩化与钾长石化、钠长石化在成因上密切相关，因此在蚀变岩体中，常可见到它们的共生。云英岩化常与钨、锡、钼、铋、锂等矿化有关。

(5)绢云母化：一种分布广泛的中低温热液蚀变。是指通过含钾质的碱性热液将交代围岩中的长石类矿物或其他的铝硅酸盐矿物，置换为鳞片状的绢云母。该蚀变在热液成因的各种金属矿床(如金、铜、铅、锌等)和非金属矿床(如萤石、红柱石、水晶等)中都能见到，其中与中温热液形成的金属硫化物矿床伴生的绢云母化最为常见。这种蚀变是斑岩铜钼矿床、黄铁矿型矿床、多金属矿床和含金石英脉矿床的找矿标志。

(6)绿泥石化：一种重要的中低温蚀变作用。与绿泥石化有关的原岩主要是中性-基性的火成岩，部分酸性火成岩和泥质岩石也可产生绿泥石化。在围岩蚀变过程中，产生绿泥石的方式有两种：一是由铁、镁硅酸盐矿物直接分解而成；二是由热液带入铁、镁组分发生交代蚀变而成。与成矿作用有关的绿泥石化多与其他热液蚀变作用(如电气石化、绢云母化、硅化、碳酸盐化等)共生，很少单独出现。与其有关的矿产主要是铜、铅、锌、金、银、锡和黄铁矿等。

(7)青盘岩化：主要是中基性火山岩(安山岩、英安岩、玄武岩等)受中低温热液蚀变而成，也可发生在弱酸性火山岩和次火山岩等浅成侵入体中。组成青盘岩的主要矿物有绿泥石、碳酸盐矿物、黄铁矿、绿帘石、黝帘石、钠长石、绢云母，以及阳起石-透闪石和石英等。因含有大量的绿泥石、绿帘石等绿色矿物，故原岩变成各种青绿色。与青盘岩化有关的矿产主要有铜、铅、锌、黄铁矿，以及金银的碲化物、硒化物矿床。

(8)泥化:泥化可进一步划分为深度泥化和中度泥化。深度泥化蚀变是一种比较强烈的蚀变类型,其特点是含有特征矿物地开石、高岭石、叶蜡石和石英,常伴有绢云母、明矾石、黄铁矿等。中度泥化岩石中,以高岭石和蒙脱石类矿物为主。它们主要是斜长石的蚀变产物,通常呈带状,向外可过渡为青盘岩化,向内(矿脉方向)过渡为绢云母化。易受泥化的岩石主要为基性、中性、酸性火成岩,尤以火山岩泥化作用最为显著。深度泥化常构成某些铜、铅、锌矿蚀变的内带。中度泥化分布较广泛,与金、银、铜、铅、锌矿化有关。

(9)硅化:使围岩中石英或隐晶质二氧化硅含量增加的一种蚀变作用。二氧化硅一般是由热液带入,也可由长石或其他矿物经蚀变后形成。由于硅化可以在广泛的环境中由热液作用形成,因此硅化常与其他蚀变,如绢云母化、绿泥石化、泥化、长石化等共生。与硅化有关的矿床很多,其中主要有铜、铅、锌、钼、钨、金、锑、汞、明矾石、重晶石矿等。

(10)碳酸盐化:岩石遭受热液(中、低温热液为主)蚀变后,产生相当数量的碳酸盐矿物,如方解石、菱铁矿、白云石等。大多数岩石都能发生碳酸盐化,主要可分为五类:①中-基性岩石遭受热液蚀变时,常发生碳酸盐化,共生的有绿泥石化等,有关的矿产主要是铜、铅、锌、铁及黄铁矿等;②石灰岩和白云岩遭受碳酸化作用时,可以生成各种碳酸盐矿物,其中以白云石为主,所以可以称为白云石化,与此有关的矿产主要是铅、锌矿;③超基性岩遭受碳酸盐化时,能形成滑石菱镁岩或菱镁岩;④在超基性-碱性岩中,常发育碳酸盐化,与其有关的矿产是铌、锆、稀土、钍及铁矿等;⑤花岗岩类岩石遭受碳酸盐化时,形成重稀土矿床,并且如果形成的碳酸盐矿物以方解石为主,则这种蚀变可称为方解石化。

(11)明矾石化:一种典型的低温蚀变,并且是在近地表条件下生成的。由于氧化作用强烈,使热液中的硫离子氧化成为亚硫酸或游离硫酸,当与铝硅酸盐矿物作用时,便能产生明矾石化。明矾石化一般发生在火山岩地区,常与次生云英岩化伴生,是寻找低温金银和多金属矿床的找矿标志。当明矾石化强烈时,其本身可作为矿产开采。

(12)高岭土化:一种典型的低温浅成的近矿围岩蚀变。当热液与长石或铝的硅酸盐矿物发生交代作用时,可形成高岭石等黏土矿物,并形成一种疏松的黏土岩,这种蚀变称为高岭土化。形成高岭土化的原岩,主要是各种酸性的岩浆岩和火成岩,此外在片麻岩、长石砂岩也常见到这种蚀变。高岭土化常与低温的硅化、明矾石化、绢云母化伴生,在铜、金、银及萤石等矿床中常可见到。

2.2.2　类质同象因素

类质同象是由于晶体结构中某种原子或离子被与它类似的原子或离子代替,

而结构型式不改变的现象。这种现象在矿物中普遍存在，是引起矿物化学成分变化的一个重要原因。类质同象与成岩成矿时的温压及组分浓度等条件有关，因此其研究有助于阐明元素的赋存状态，进行矿床的综合评价(刘洪波 等，1990)。该现象会使矿物的成分发生改变，从而使得矿物光谱更为复杂。

透闪石和阳起石主要是由镁离子和铁离子置换而引起的类质同象作用所形成的。按照成分中 $Ca_2Fe_5[Si_4O_{11}]_2(OH)_2$ 含量的不同，在 0～20%定义为透闪石，在 20%～80%定义为阳起石，大于 80%定义为铁阳起石。图 2.6 展示了透闪石和阳起石的光谱。从图 2.6 容易看出，由于阳起石当中 Fe^{2+} 含量更高，因此在 0.7 μm 处和 1 μm 处出现了更为明显的吸收特征。

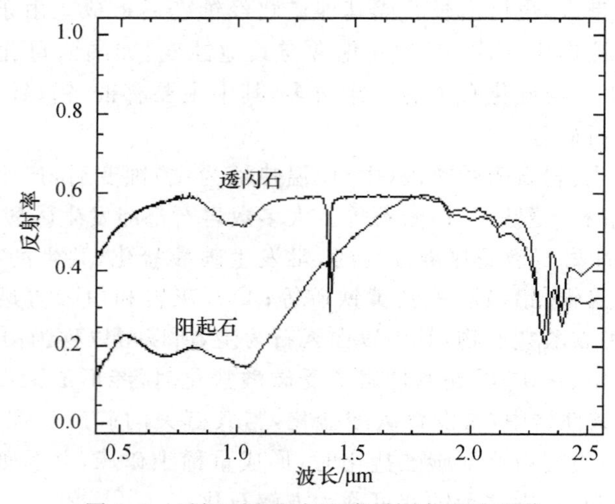

图 2.6　透闪石和阳起石类质同象变种光谱

在类质同象作用中，能够引起光谱变异的主要是阳离子的置换作用。因此，可以利用光谱特征差异检测特定阳离子成分的相对含量，同时也对光谱分辨率提出了较高的要求。但如果同质多象变体是不透明矿物，或者被置换的离子不具有光谱行为，就难以利用光谱识别该现象。

2.2.3　同质多象因素

同种化学成分的物质在不同的温压条件下，会形成不同结构的晶体，这种现象叫作同质多象。这些不同结构的晶体被称为同质多象变体。同质多象的每种变体都有特定的热力学稳定范围，标志着其形成时的温度和压力。根据岩矿中同质多象变体的类型及转化过程，可以判断该变体生成时所处的温压环境。

以蛇纹石同质多象变体为例，蛇纹石的分子式为 $Mg_6[Si_4O_{10}](OH)_2$，具有 TO 型层状结构，但蛇纹石结构中的八面体由“氢氧镁石”层构成，即 Mg 填充了八面体片的全部空隙，属于三八面体结构。为了克服八面体片和四面体片的不协调性，蛇纹石具有三种同质多象变体，包括板状结构的利蛇纹石、卷曲管状结构的纤蛇纹石，以及波状褶皱结构的叶蛇纹石（甘甫平 等，2004），矿物光谱如图 2.7 所示。从图 2.7 可以看出，各同质多象变体波形有明显差异，虽然在 1.9 μm、2.215 μm 与 2.315 μm 附近都具有典型吸收特征，但吸收特征深度、对称度等参量有所不同。

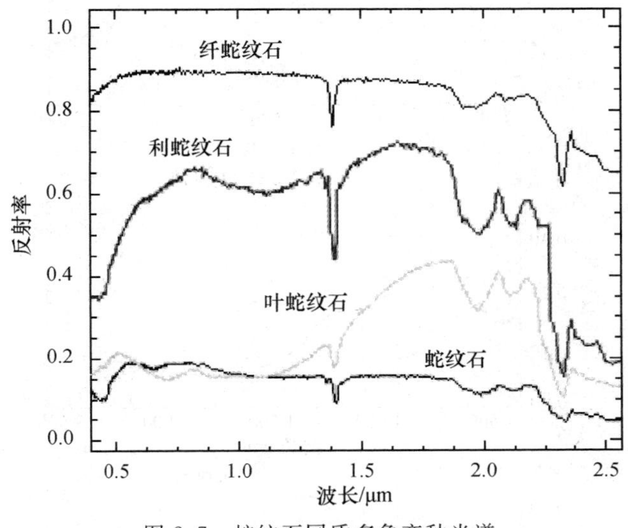

图 2.7　蛇纹石同质多象变种光谱

2.2.4　风化和太空风化因素

在地球上，岩石风化是指岩石在太阳辐射、大气、水和生物作用下出现破碎、疏松及矿物成分次生变化的现象（陆廷清 等，2009）。王润生等（1999）研究认为，风化对岩矿光谱影响较为复杂，岩石表面形态会对吸收特征强度有影响，但吸收特征中心波长基本保持不变。一般随风化作用的加强，原岩成分会发生变化，如 Fe^{2+} 变为 Fe^{3+}，从而使与铁离子相关的吸收特征位置发生漂移，但阴离子基团振动对应的吸收特征波形受风化影响较小。此外，风化形成的蚀变矿物会使羟基和水的谱带得到加强。莱昂（1996a，1996b）研究了风化对高光谱遥感的影响，认为由于风化层和其下岩层之间光谱特征并不完全相同，有必要将岩石内部光谱和表面光谱区分开来，铁氧物质表面会在一定程度上掩盖其内部矿物的显著吸收特征，从而无法表现岩石成分的真实特性。Meer（1996）及 Chabrillat 等（2000）研究表明，风化会使得某些岩矿反照率提高。图 2.8 展示了橄榄石等岩矿新鲜表面和风化表面反射率光谱的差别。

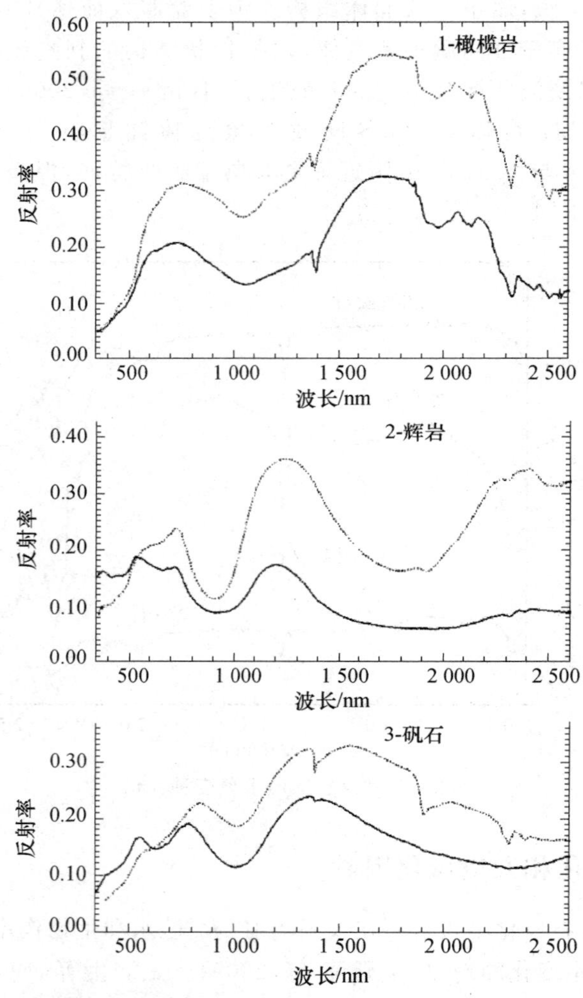

图 2.8 岩矿新鲜表面和风化表面光谱比较(Chabrillat et al,2000)

注:虚线是风化表面,实线是新鲜表面。

太空风化作用与地球风化有所不同。太空风化是指缺乏大气保护的星体表面物质暴露在太空中所经受的一系列物理、化学变化,并对该物质的物理、化学性质进行改变的过程。目前与各种观测数据最为契合的月球太空风化模型是:由太阳风冲击等导致的微小陨石对目标物质的强烈撞击,会在颗粒物表面产生蒸汽状溅射物,导致该物质产生化学还原反应,使原来存在于该物质硅酸盐中的铁元素凝到亚微观颗粒的表面(Clark et al,2001;Hapke,2001),从而引起月表物质的“黑化”。太空风化水平的高低主要和凝结到月表物质表面的亚微观金属铁含量有关。国内学者曾根据 Hapke 模型对不同铁含量对光谱吸收特征的模拟(帅通,2014),如

图 2.9所示。从图 2.9 可以看出，太空风化对于月表矿物光谱分析会产生较大影响，是必须要考虑的重要因素。

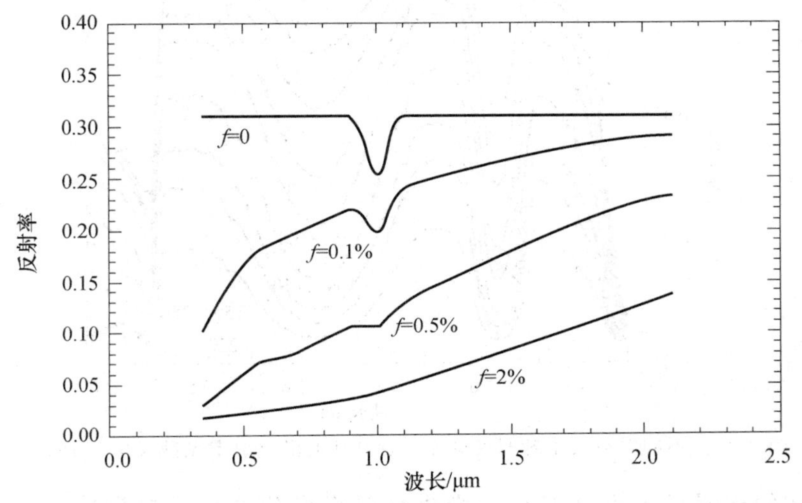

图 2.9　不同程度太空风化对光谱波形的影响(帅通，2014)
注：f 表示太空风化百分比。

§2.3　矿物物理因素

2.3.1　颗粒大小因素

颗粒大小通常用表面积与体积之比的函数来表示。光子散射和吸收量的多少依赖于颗粒的大小(Clark et al，1984；Hapke，2012)。由比尔定律可知，颗粒越大，内部光学路径长度越大，光子被吸收的量也就越大；反之颗粒越小，与内部光学路径长度相比，表面反射会成比例增加。因此，在可见光—近红外波段，随着颗粒大小的增加，反射率随之下降。吸收特征深度与矿物颗粒大小的关系较为复杂。随着矿物粉末颗粒大小增加，吸收深度先增加，当达到一个极大值后开始下降。这是由于随着颗粒增大，在极限状态下，反射光谱将仅由表面初次反射组成。但由于吸收特征饱和效应，即使颗粒再大，光谱反射率值也不会降为零(Clark，1999)。辉石可见光—近红外波段反射率光谱随颗粒大小变化如图 2.10所示。需要注意的是，在中红外波段，吸收系数非常大并且折射指数变化剧烈，表面初次反射在信号中占更大比重，甚至处于主导地位。在这种情况下，颗粒大小对于反射光谱的影响更为复杂，趋势与可见光—近红外波段甚至完全相反，如图 2.11所示。

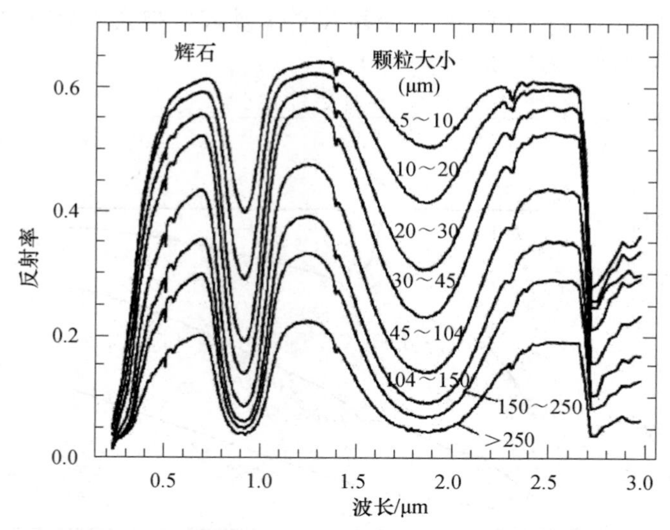

图 2.10 不同颗粒大小辉石可见光—近红外波段反射率光谱(Clark,1999)

矿物的透明行为也会对矿物光谱反射率变化产生重要影响。王润生等(1999)研究表明,不同透明行为矿物对于颗粒大小的光谱响应也有所不同:①透明行为的矿物光谱反射率与粒度大小之间近似于对数关系,即反射率随着颗粒的变小而增大;②不透明行为的矿物光谱反射率随着颗粒的变小而稍有降低;③兼具透明和不透明行为的矿物光谱反射率随着颗粒的变小在透明的光谱范围内增大,而在不透明的光谱范围内却下降,从而使得不同粒度的反射率光谱曲线发生交叉。

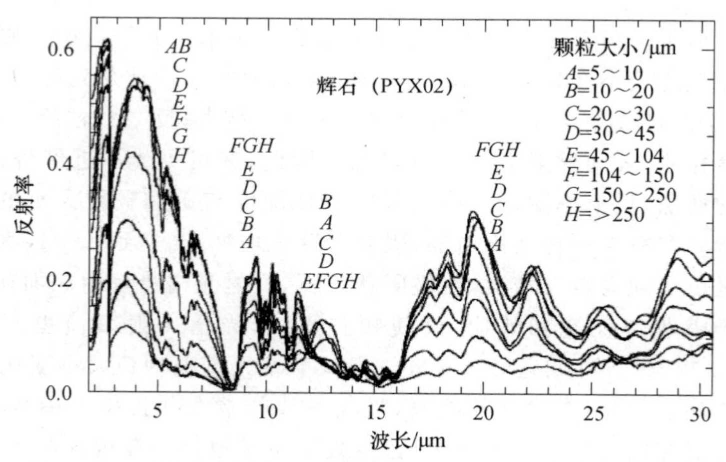

图 2.11 不同颗粒大小辉石中红外波段反射率光谱(Clark,1999)

2.3.2　粗糙度因素

岩矿表面粗糙度会影响岩石表面朗伯性，而非朗伯体的二向反射率光谱特性较为复杂。在 0.4～2.5 μm 波段范围内，关于粗糙度的判断可以用瑞利判据，即如果两点的反射程的相位差 $\Delta\varphi$ 小于 $\pi/2$ 弧度，那么可以认为该表面是光滑的（赵虎，2004）。其中反射程差示意如图 2.12 所示。

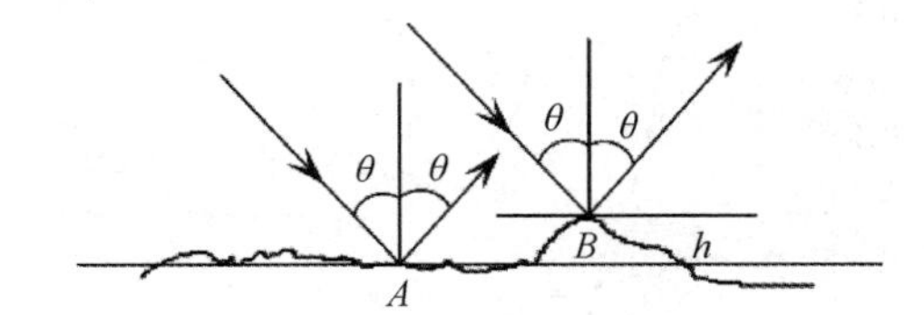

图 2.12　岩矿表面反射程差 $\Delta\varphi$ 示意（赵虎，2004）

注：$\Delta\varphi=2kh\cos\theta$，其中 $k=2\pi/\lambda$。

如果 $\Delta\varphi$ 小于 $\pi/2$ 弧度，那么容易得到

$$h<\frac{\lambda}{8\cos\theta} \tag{2.1}$$

对于随机表面，式(2.1)中的 h 可以用随机表面高度标准差 σ 来表示，即

$$\sigma<\frac{\lambda}{8\cos\theta} \tag{2.2}$$

从瑞利判据公式可以看出，岩石粗糙度与光线的入射角和波长都有关系。此外，在表面粗糙度相同时，较为致密的岩矿种类镜面反射作用更强（赵虎，2004）。

2.3.3　透明度因素

透明度因素会对矿物反射率光谱特性产生很大的影响，如反射率随颗粒大小的变化规律（2.4.1 节中将涉及）。Hapke（1981）分析得出，混合物质的单次散射反照率可以看作是各端元矿物单次散射反照率的线性混合。如果将矿物分为透明矿物和不透明矿物两类，那么透明矿物的单次散射反照率可以根据其物理参数（折射系数、消光系数、粒度、填充度等）通过 Hapke 模型计算，而这些物理参数可以利用 Shkuratov 模型（Shkuratov et al，1999）解算得到。而对于不透明矿物，其光性一般不包括折射系数，即不透明矿物不具有折射系数，因此就无法通过 Shkuratov 模型解算复折射系数，也就无法通过 Hapke 模型计算不透明矿物的单次散射反照率。不透明矿物对混合光谱波形的影响非常大，即使混合物中只有非常少比重的磁铁矿，混合光谱波形也完全被不透明矿物主导，其他成分的吸收特征被强烈抑制（Singer，1981）。如图 2.13 所示，橄榄石和磁铁矿的混合物中，当磁铁矿含量达到 50%，橄榄石的吸收特征已经非常微弱，而混合物整体反射率已经低于 10%。

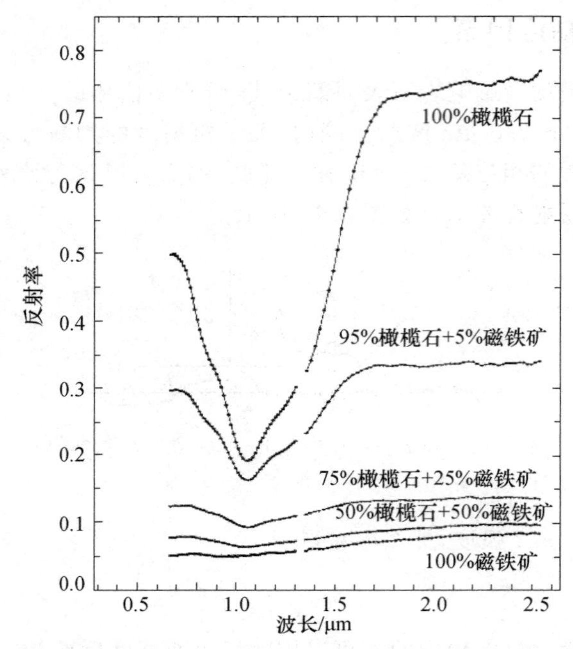

图 2.13 橄榄石-磁铁矿混合样本反射率光谱(Singer,1981)

§2.4 矿物光谱观测因素

2.4.1 视场几何因素

视场几何主要包括入射天顶角 i、观测天顶角 e、入射方位角 φ_i、观测方位角 φ_e 及相位角 g,如图 2.14 所示。相位角即观测角和入射光之间的夹角。视场几何的变化会导致阴影的产生和光线传播距离的转变,并且对于非朗伯体还会导致反射率发生变化。研究表明,入射角对于岩矿在 2π 空间内的二向性反射光谱(bidirectional reflectance distribution function,BRDF)有较大影响(赵虎,2004)。当入射角小于或等于 20°时,岩矿表面表现为朗伯体,以漫反射为主,各个方位角的观测结果较为稳定;但当入射角大于 30°时,岩矿表面镜面反射增强,其 BRDF 是镜反射与漫反射的合成体,并在观测方位角夹角为 180°时有明显的起峰现象。

然而,当多级散射占主导地位时,视场几何对于反射率光谱波形和吸收特征影响不大,所以在多数情况下光谱吸收深度随着视场几何的变化是非常小的(Clark,1999)。

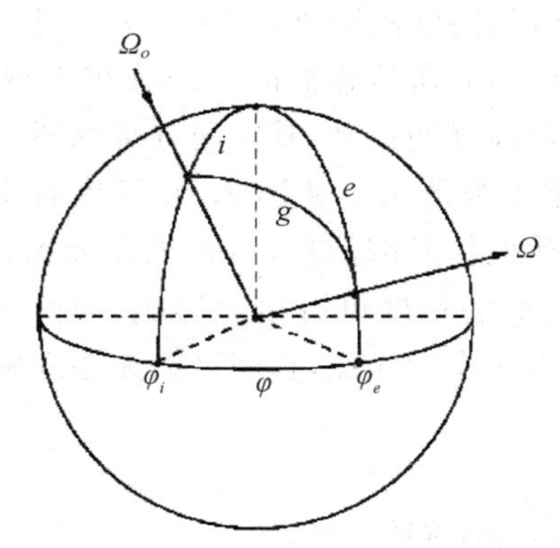

图 2.14　反射率光谱视场几何示意(李庆亭,2009)

2.4.2　光谱分辨率及光谱位置因素

光谱分辨率是指探测器在波长方向上的记录宽度,即波段光谱响应函数的半高宽(童庆禧 等,2006)。毋庸置疑,高光谱遥感最大的特点就在于其突出的光谱分辨率,并且波段数目多,从而形成连续的光谱曲线。足够的光谱分辨率对于矿物吸收特征的识别,具有至关重要的作用。如图 2.15 所示,高岭石在 2.20 μm 附近的双吸收特征,只有在光谱分辨率高于40 nm的光谱中才能够识别出来。同时,在矿物典型吸收特征附近,设置有效的传感器通道进行光谱观测,也是进行高光谱矿物信息提取的必备因素。

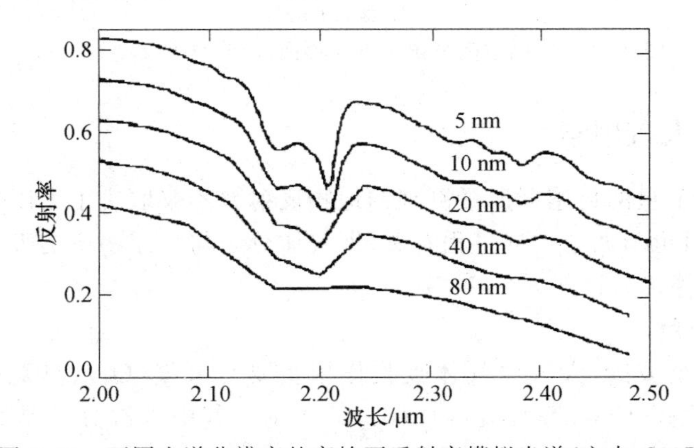

图 2.15　不同光谱分辨率的高岭石反射率模拟光谱(文吉,2007)

2.4.3　空间分辨率及尺度因素

高光谱传感器的空间分辨率是由仪器的瞬时视场角(instantaneous field of

view,IFOV)及传感器平台的高度共同决定的(罗文斐,2008)。由于传感器技术条件和能量守恒定律的限制,高光谱传感器的空间分辨率与其他非高光谱传感器相比相对较低,并且随着平台高度的提升,其空间分辨率还会进一步下降。因此高光谱影像中光谱混合的问题更为严重。从图 2.16 可以看出,随着空间分辨率的降低,由于像素内混杂了其他地物光谱信息,目标地物光谱特征逐渐减弱。因此,空间分辨率对于矿物信息提取的精度也有很大影响。对于特定尺度矿物信息的提取,需要有足够的空间分辨率作为保证,否则可能无法准确提取出影像中存在的矿物端元(童庆禧 等,2006)。

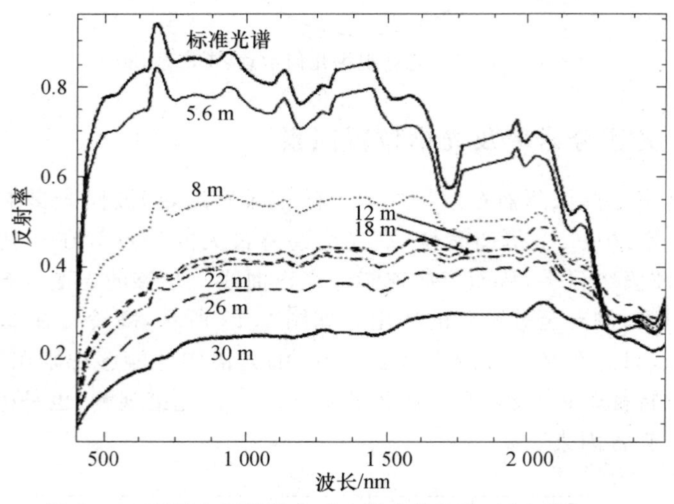

图 2.16 不同空间分辨率下光谱曲线变化(罗文斐,2008)

2.4.4 大气因素

地球遥感卫星的传感器所量测到的地物反射率不仅取决于太阳的辐照度及地物的性质,同时也与两个大气过程有关,即气体分子与悬浮物质的吸收作用和散射作用(张良培 等,2011)。

1. 吸收作用

在太阳光谱波段,大气中气体吸收作用主要与氧气(O_2)、臭氧(O_3)、水蒸气(H_2O)、二氧化碳(CO_2)等有关,如图 2.17 所示。其中水汽分子是红外辐射波段的主要吸收体,其主要吸收带位于 0.71～0.735 μm、0.81～0.84 μm、0.89～0.99 μm、1.07～1.2 μm、1.3～1.5 μm、1.7～2.0 μm 等位置。

2. 散射作用

电磁辐射在非均匀介质中传播时,改变原来传播方向的现象称为散射(张良培 等,2011)。大气中的微粒,如大气分子或气溶胶等,会使电磁波辐射能量受到影响而改变传播方向,发生散射作用。其散射强度依赖于微粒的大小、微粒的含量、辐射波长和能量传播穿过大气的路径长度。散射改变辐射方向,因而产生了天空散射光。其中一部分上行被空中遥感器接收,一部分到达地表。大气散射可分为选择性散射和无选择性散射。其中选择性散射强度与波长有关,而无选择性散射强度与波长无关。

大气窗口是指受吸收和散射作用较弱、透过率较高的电磁波谱通道(童庆禧 等,2006)。在大气吸收或散射较为严重的波段,遥感信号受到非常严重的干扰,难以获取有效的地物信息。例如,在 Hyperion 数据预处理中,就需要将一些质量较差的波段直接剔除(栾学文,2001)。而在这些波段,一些矿物本来具有典型的吸收特征,如硫酸盐矿物在 1.475 μm 附近有典型的吸收特征,但与水汽吸收波段重合。如果某种矿物的典型特征恰好在大气影响较为严重的波段,且无法用其他大气窗口波段特征替代,便会给高光谱矿物探测带来较大影响。不过,这一问题主要针对星载高光谱传感器,对于较低高度的航空数据或者地面光谱测量数据,则不会有这样的问题。

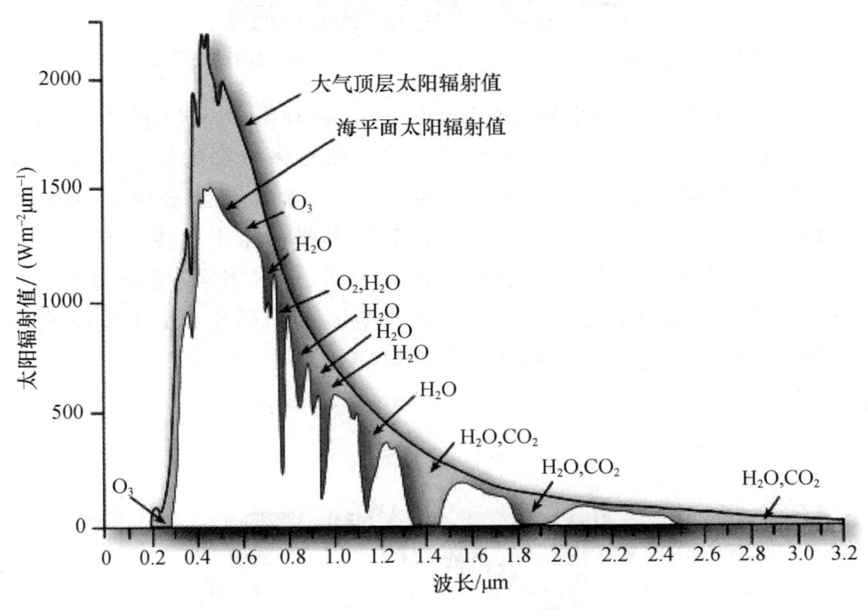

图 2.17 大气辐射吸收示意(栾学文,2001)

2.4.5 噪声因素

高光谱传感器能够提供丰富的光谱维信息,但其原始数据中含有大量的噪声,严重影响了地物光谱特征提取和识别的精度(常威威,2007)。并且受高光谱传感器的工作方式影响,高光谱影像中不仅有一般遥感影像中的随机点状噪声,还受到严重的条带噪声干扰,如图 2.18 所示。

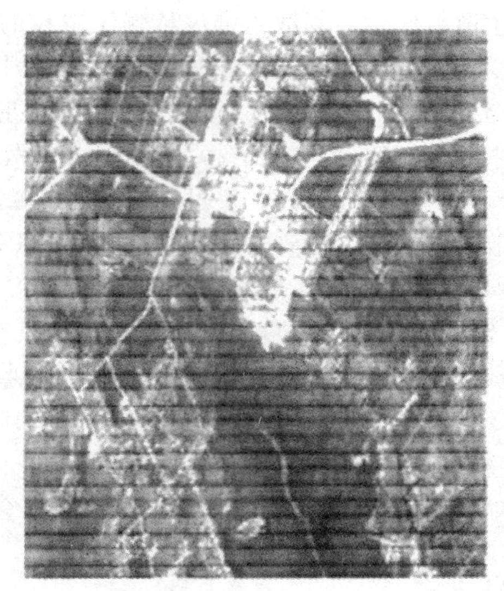

图 2.18　受到条带噪声影响的航空高光谱影像(刘正军 等,2002)

遥感图像的质量通常用信噪比(signal to noise ratio,SNR)来表示,与信号中噪声的相对强度直接相关(Kruse et al,2003)。高光谱数据的噪声在很大程度上受传感器设计指标的影响,如其感光灵敏度、空间分辨率、光谱分辨率、系统电路设计、定标精度等。因此,对于特定的某种传感器,其噪声水平基本是稳定的。但是信噪比仍受一些外部因素的影响,如视场几何因素、大气因素、地物类型等。通常来讲,航空高光谱数据具有比星载高光谱数据更高的信噪比,如图 2.19 所示。信噪比高的数据,矿物信息提取的精度也会更高(Kruse et al,2003)。

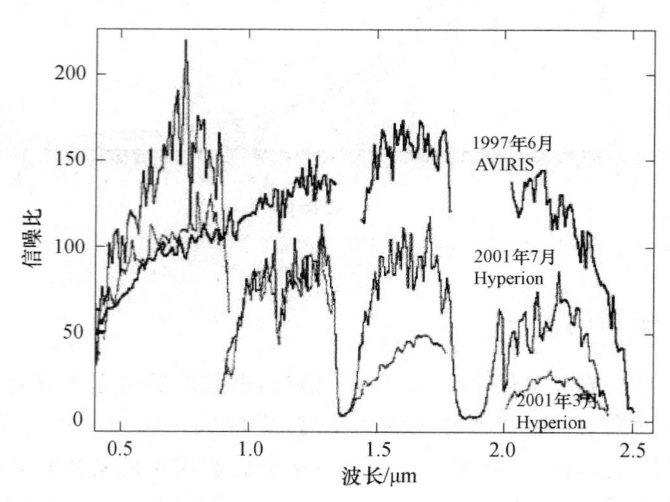

图 2.19　AVIRIS 数据和 Hyperion 数据信噪比比较(Kruse et al,2003)

§2.5　矿物光谱混合因素

总体来讲，自然界主要存在四种矿物混合类型（Clark，1999）：线性混合、紧致混合、包裹混合与分子混合。线性混合最为简单，即假设各成分之间没有多级散射，其反射光谱按照表面积或体积比例进行混合。这种混合在大尺度的面状地物混合问题研究中效果较好。紧致混合则更为复杂，假设不同成分紧密排列，且光子在传输过程中遇到不止一种成分，从而导致较强的非线性特征。与线性混合相比，紧致混合与矿物光谱混合的实际情况更为接近，尤其是在对矿物粉末颗粒混合物的模拟中有良好效果（Hapke，2012）。在包裹混合物中，每一包裹层都是散射或反射层，它们的光学厚度随着矿物性质与波长而变化。分子混合出现在分子级水平，如两种液体或固液混合，这种混合能够使波长偏移。包裹混合和分子混合着眼于晶体和分子尺度，在通常的遥感观测中并不适用。从对上述四种混合方式的分析可以看出，尺度效应对于矿物光谱混合类型有非常大的影响。

线性混合在一般情况下能够简单地近似描述混合光谱特征，但随着矿物光谱定量反演技术的发展和精度要求的提高，矿物光谱混合效应的研究向着更为精细的方向发展。王润生等（1999）研究了不同矿物的混合光谱特征，初步总结了矿物混合光谱的几条规律：①混合光谱的整体反射率一般介于参与混合的单矿物光谱反射率之间，且混合光谱反射率近似于单矿物光谱反射率的线性混合；②矿物的吸收特征在混合光谱中基本上能够有体现，但明显程度随矿物含量减少而降低，并且一些较弱的吸收特征可能会被掩盖；③不同矿物的邻近吸收特征在混合光谱中会叠加为复合特征，且其行为表现较为复杂。此外，实验室光谱研究表明，在不同波段范围，矿物光谱混合的线性程度有所不同（王润生 等，2007）。

光谱混合效应对于矿物光谱有着非常显著的影响，而基于该效应对混合光谱进行光谱解混，以及利用吸收特征提取矿物相对含量，是目前矿物光谱定量反演最重要的两类方法。在接下来的章节中，本书将分别从这两类方法着手，对高光谱矿物定量反演算法的不确定性问题开展研究。

第3章　光谱解混模型对矿物定量反演精度影响分析

高光谱遥感能够有效识别矿物种类(Adams,1974;Clark et al,2003),但矿物含量的准确反演仍然是一个难题。基于查询矿物光谱库等途径,可以获得多种纯净矿物的光谱(Hunt,1977),然而自然地表很少是由单一矿物或其他成分构成的。遥感观测到的反射率光谱,往往是不同矿物成分紧致混合形成的混合光谱(Mustard et al,1987)。由于矿物混合物混合特性复杂,给矿物丰度含量的准确提取带来较大难度。

光谱解混是高光谱遥感的一种重要数据处理方法,它能够将混合光谱分解为不同端元成分的集合,并获取各个成分的丰度含量(Keshava et al,2002)。在地质遥感中,光谱解混可以被用来提取矿物的成分和分布,包括卫星、航空、地面、岩心等多种不同尺度数据的处理(Meer et al,2012)。对于不同情形的数据,光谱混合模型可以大致分为线性混合模型和非线性混合模型两种(Halimi et al,2011)。线性混合模型是最为常用的模型,其机理简单明了,具有非常高的实用价值(Chen et al,2013)。当非线性效应较强时,利用线性模型解混得到的精度会受到很大影响(Bioucas-Dias et al,2012)。岩矿光谱是光子和矿物颗粒发生反射、传输、折射及散射等多种作用综合得到的结果,混合模型相对较为复杂,具有比较强的非线性(Hapke,1981)。因此,在进行矿物光谱解混之前,选取较为适宜的光谱解混模型是非常必要的。

线性解混模型是最常用且研究最为深入的模型,而Hapke模型是目前最为成熟的矿物非线性解混模型。此外,包络线去除和自然对数处理都在矿物定量反演中有过成功的应用,也都可以分别看作矿物光谱解混模型。修正高斯模型(modified Gaussian model,MGM)中,包络线去除和自然对数处理被结合在一起使用,并在吸收特征参量提取中取得了良好效果(Sunshine et al,1993)。因此,在光谱解混中,两者的结合也可能提高光谱解混精度。

当对实验室矿物粉末混合物进行处理时,真实含量比例与丰度反演结果之间的均方根误差可以作为一个评估解混模型精度的有效参量。然而,实际应用当中经常出现真实含量比例未知的情形,而目前在这种情况下还没有非常有效的精度评估体系。之前的研究大多采用光谱重建误差来评估解混模型的精度(Plaza et al,2011;Dobigeon et al,2014;Heylen et al,2014b)。但是,重建误差和真实解混精度之间的关联还没有得到有效验证。此外,目前基于重建误差的模型精度分析仅从每个像素即空间维度开展，用每个像素的误差平均值作为最终结果。空间维度的重建误差标准差很少被提及，更不用说光谱维度的精度分析。事实上，不同波段的光谱混合模型精度是有所不同的，这也就导致不同波段的光谱重建精度差异。当对包含包络线去除或自然对数处理的光谱解混模型精度进行评估时，还需要考虑重建光谱的量纲问题，而这些问题在之前的研究中还没有涉及。

在本章中，将会对五种不同的解混模型进行分析，包括线性模型、自然对数模型、包络线去除模型、Hapke模型及新提出的自然对数-包络线去除模型。这些模型将分别应用于实验室矿物粉末混合物光谱分析及航空高光谱数据处理，以便对各模型在不同尺度矿物光谱混合中的适用性进行分析。通过比较实验室矿物粉末光谱的解混精度和重建光谱误差，验证重建误差是否适用于评估解混精度。为了在公平的尺度上对不同模型的重建结果进行精度评价，本书提出了混合反射率光谱重建(mixing reflectance reconstruction，MRR)这一概念，即在光谱重建中加入了解混线性化处理的逆处理过程，使得重建光谱的量纲统一。基于混合反射率光谱重建的结果，本书将从空间维、光谱维、综合维三个角度对重建误差进行分析，并对各个模型的精度和适用范围进行评价。

§3.1　矿物光谱解混模型

3.1.1　线性模型

线性(linear)模型假设在瞬时视场下，各组分光谱线性混合，其比例由相关端元组分的丰度决定。基于以上假设，建立了线性模型

$$R = \sum_{i=1}^{n} R_i a_i + \varepsilon \tag{3.1}$$

式中，$i=1、2、3、\cdots、n$；R_i 表示第 i 种端元组分的反射率光谱；a_i 表示各端元组分在混合物中的丰度，为待求参数；n 表示像素中端元组分的个数；ε 表示误差项。

假设已考虑式(3.1)中组成混合像元的所有端元，那么 a_i 满足如下归一化约束条件

$$\sum_{i=1}^{n} a_i = 1 \tag{3.2}$$

此外，端元组分所占丰度应满足非负条件，即

$$a_i \geqslant 0 \tag{3.3}$$

3.1.2　包络线去除模型

通常来讲，包络线是指覆盖于光谱曲线上方的背景轮廓线，它是由反射率光谱

拐点处局部最大值的连接线所组成。包络线去除光谱模型为

$$R_{cr}=\frac{R}{R_c} \tag{3.4}$$

式中,R_{cr}是包络线去除后的光谱,R 是原始反射率光谱,R_c 是包络线光谱。本书先对原始数据进行包络线去除,然后基于 R_{cr}进行线性光谱解混,该数据处理模型称为包络线去除(continuum removal,CR)模型。

3.1.3 自然对数模型

根据比尔定律,某种吸收物的吸收量与该成分的含量比例和能量传输路径长度的指数幂呈线性相关关系(Murray et al,1987)。因此,为了使光谱吸收深度和成分含量线性相关,需要对原始反射率光谱进行自然对数处理实现线性化,即

$$A=\log(1/R) \tag{3.5}$$

式中,A 是吸收率光谱,R 是反射率光谱。事实上,严格定义的吸收率是基于穿过非散射样本的透过率计算的,基于反射率计算吸收率并不具备严谨的物理模型支撑。但是,在近红外反射光谱分析中,自然对数处理常常被用于吸收率计算,并且在多数情况下提供了较为准确的结果(Blanco et al,1998;Smith et al,2002)。本书先对原始反射率光谱进行自然对数处理,然后对自然对数光谱进行线性解混,该数据处理模型称为自然对数(natural log,NL)模型。

3.1.4 自然对数-包络线去除模型

对于自然对数处理后得到的吸收率光谱,包络线去除应通过减法进行,而不是除法(Clark et al,1984)。本书先进行自然对数处理,然后去除包络线,最后使用线性解混求解丰度,该数据处理模型称为自然对数-包络线去除(log and contintuum-removal,LCR)模型。在一些光谱分解的方法中,如修正高斯模型(modified Gaussian model,MGM),就用到了与自然对数-包络线去除模型相似的数据处理流程。不过修正高斯模型不是将光谱分解为端元和丰度,而是将光谱分解为一系列高斯函数叠加的结果。本书首次将自然对数-包络线去除处理引入光谱解混,并将其作为一种光谱解混模型提出。

3.1.5 简化 Hapke 模型

Hapke 模型是目前在遥感地矿应用中最为广泛的辐射传输模型。这个模型将岩矿反射率光谱分解为两个部分:单次散射项和多次散射项。其中,单次散射项中包含了单次散射反照率和散射向函数等参量。根据该模型,二向反射率可表示为(Hapke,1981)

$$R(i,e,g)=\frac{w}{4\pi}\frac{\mu_0}{\mu_0+\mu}[p(g)(1+B(g))+H(w,\mu)H(w,\mu_0)-1] \tag{3.6}$$

式中，i 是入射角，e 是观测角，g 是相位角，w 是单次散射反照率，$B(g)$是后向散射函数，$\mu_0=\cos(i)$，$\mu=\cos(e)$，$p(g)$是粒子的平均相函数，$H(w,\mu)$是多次散射函数。

当散射相位角大于 15°时，后向散射可以忽略，即 $B(g)$约等于 0(Mustard et al,1987)。在本书所开展的矿物粉末实验中，散射相位角为 20°，符合这一要求。对于 AVIRIS 航空数据来讲，根据飞行时间和地理坐标计算出当时太阳高度角约为 75.8°，而航空近似于垂直观测，所以散射相位角为 14.2°。尽管这一值小于 15°，但为了计算方便，本书选择忽略后向散射，并将散射相位角设定为近似值 15°进行计算。假设单个矿物颗粒的散射是各向同性的，即 $p(g)=1$，那么式(3.6)可以进一步简化为

$$R(i,e,g)=\frac{w}{4\pi}\frac{\mu_0}{\mu_0+\mu}H(w,\mu)H(w,\mu_0) \tag{3.7}$$

利用该公式可以实现由二向反射率数据到单次散射反照率的转换。本书将基于以上简化条件的模型称为简化 Hapke(simplified Hapke,SH)模型。

§3.2　矿物混合光谱数据获取及预处理

为研究不同尺度下的矿物光谱混合特性，实验将分别对矿物粉末混合光谱和航空高光谱数据进行处理。在后续章节中，仍会用到本章节所使用的数据，将不再进行详细介绍。

3.2.1　矿物粉末混合光谱数据

矿物粉末是开展矿物光谱特性研究的一种经典素材，目前全球使用最为广泛的光谱数据库——USGS 光谱库，有很多都是来自对矿物样本粉末的观测结果。20 世纪 70 年代以来，随着对月观测技术的发展和月壤样本分析需求的增多，矿物粉末混合物曾被广泛应用于矿物混合光谱特性的研究(Adams,1974;Singer,1981)。相比于紧致混合的原始岩矿体，矿物粉末的颗粒大小和形状更容易准确控制，能够很方便地建立精度较高的球粒模型，并且能够实现按照一定精细比例进行非常均匀的混合，这都是原始岩矿体所不具备的特性。所以，矿物粉末混合光谱是进行高光谱遥感矿物定量反演的绝佳素材。

为研究不同矿物的光谱混合特性，实验选取了以下两组矿物进行混合物配比，并进行光谱测量。

1. 石膏和绿帘石

第一组矿物混合物采用高纯度的石膏(plaster,P)和绿帘石(allochite,A)粉末进行精确配比得到,主要用于二元混合光谱特性研究。混合物共配置7组,其组分及含量如表3.1所示。矿物粉末采用同样研磨方式获取,并都通过40目的筛网进行筛选(粒度小于625 μm),从而保证两种矿物粉末具有相同粒度。采用SVC HR1024光谱仪测得不同矿物混合物的光谱,为保证数据质量,每组矿物样本均多次测量并采用平均值作为最终反射率光谱,最后得到的反射率光谱如图3.1所示。

表3.1　石膏(P)-绿帘石(A)混合物组分

混合物	石膏	绿帘石
P5%＋A95%	5%	95%
P10%＋A90%	10%	90%
P30%＋A70%	30%	70%
P50%＋A50%	50%	50%
P70%＋A30%	70%	30%
P90%＋A10%	90%	10%
P95%＋A5%	95%	5%

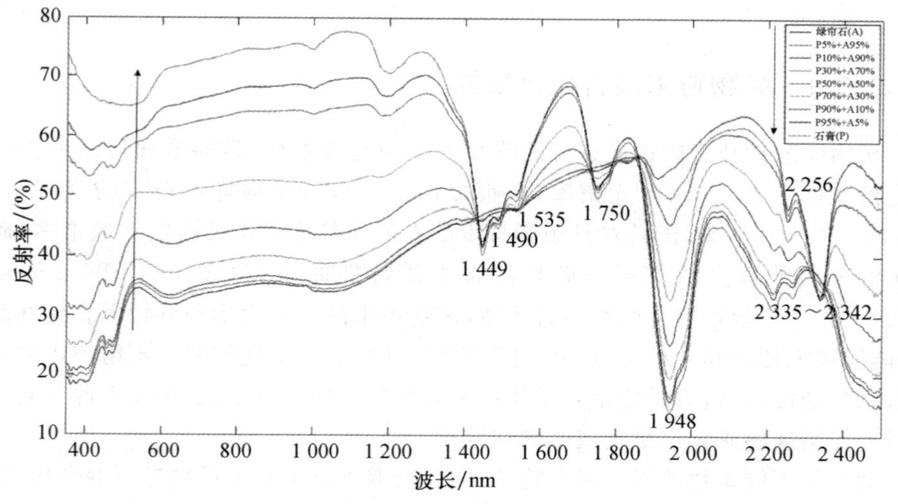

图3.1　石膏(P)-绿帘石(A)粉末光谱(二元混合物)

2. 石膏、绿帘石和方解石

第二组矿物粉末混合物主要用于多元混合物光谱特性研究。石膏(P)、绿帘石(A)和方解石(calcite,C)获取流程与第一组相同,表 3.2 和图 3.3 分别给出了其混合物组分和样本光谱。

表 3.2　石膏-绿帘石-方解石混合物组分

混合物	石膏	绿帘石	方解石
1	50%	30%	20%
2	50%	20%	30%
3	30%	20%	50%
4	20%	30%	50%
5	30%	50%	20%
6	20%	50%	30%

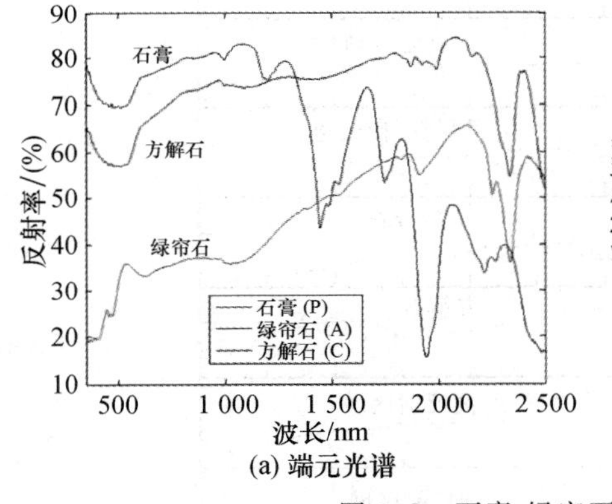

(a) 端元光谱

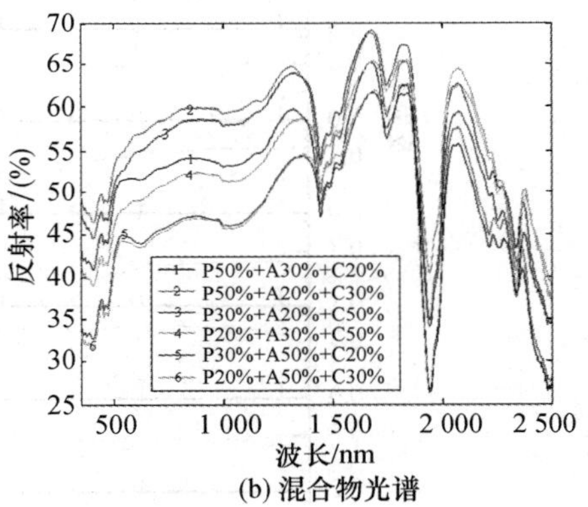

(b) 混合物光谱

图 3.2　石膏-绿帘石-方解石粉末光谱

3.2.2　航空高光谱数据

航空可见/近红外成像光谱仪(airborne visible/infrared imaging spectrometer,AVIRIS)是由美国航空航天局喷气动力实验室研制的,共有 224 个波段,光谱分辨率约为 10 nm,覆盖 0.4～2.5 μm 的光谱范围(Green et al,2000;Kruse et al,2003)。本实验数据是由 AVIRIS 获取的美国内华达州 Cuprite 矿区影像。自从 20 世纪 80 年代以来,Cuprite 地区已成为地质遥感最为重要的实验场之一,开展了一系列相关研究(Goetz et al,1985a,1985b;Kruse et al,1990)。该数据已经使用大气去除模型(atmospheric removal program,ATREM)(Gao et al,1990)进行大气校正并经过平滑处理(Boardman,1998)。针对岩矿信息提取,只保留了 1.96～2.51 μm 短波红外光谱范围内的 50 个波段数据。由于本书着眼于矿物光谱解混模型,端元提取并不是重点,因此仅需要保证各个模型输入的端元光谱保持一致即可。研究使用的端元集包括 11 条光谱，是采用纯净端元指数(pixel purity index，PPI)方法(Boardman，1993)从影像中提取出来的，如图 3.3 所示。其分别为：菱镁矿、明矾石(2.16 μm 组和 2.18 μm 组)、二氧化硅(明亮组和暗色组)、伊利石/白云母、高岭石、方解石、高反射区域和低反射区域、沸石。反射率数据集和端元光谱集都可以从 Exelis 公司的网站下载*。

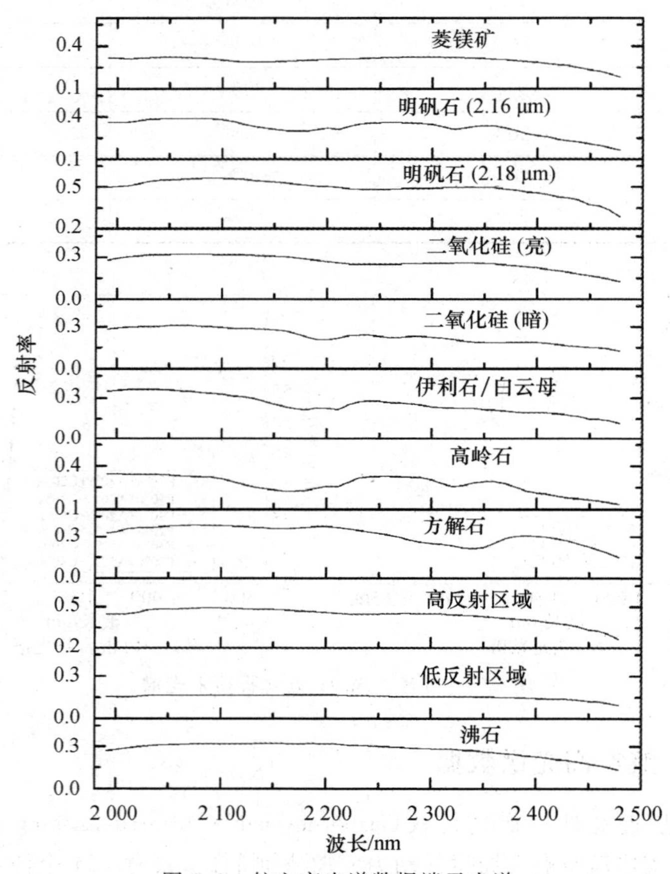

图 3.3 航空高光谱数据端元光谱

为了分析大气效应对于光谱解混精度的影响，并验证本书中五种模型的精度分析结果是否在不同数据集有通用性，本书还选取了对上述 Cuprite 地区同一景 AVIRIS 影像，仅分别使用 ATREM 模型和平场域法(flat field)(Goetz et al，1985a；Roberts et al，1986)进行大气校正，并对获取的反射率数据进行处理(均未进行 EFFORT 校正)。对于这两个数据集，Exelis 网站并没有提供对应的端元集。为了避

* http://www.exelisvis.com。

免两者采用的端元集合差异影响到解混模型精度，本书采用了该影像中经过考察确认的纯净像元作为端元集合，如图3.4所示。端元像素位置和所代表的矿物类型如表3.3所示。以上数据集和纯净像素信息可以从Exelis网站查询和下载。

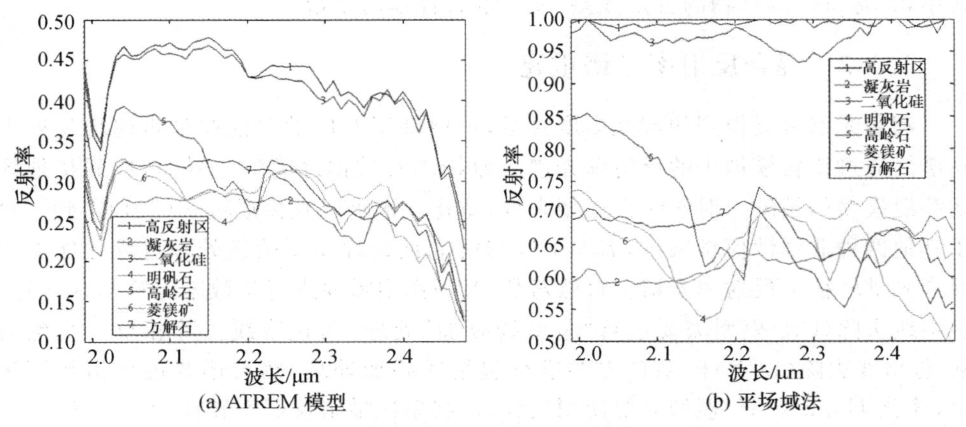

图3.4　不同大气校正反射率影像端元光谱

表3.3　不同大气校正反射率影像端元像素位置

矿物类型	列号	行号
高反射区	590	570
凝灰岩	435	555
二氧化硅	494	514
明矾石	531	541
高岭石	502	589
菱镁矿	448	505
方解石	260	613

§3.3　光谱解混模型精度评估方法

3.3.1　解混精度分析

对于矿物粉末混合样本来说，由于其真实含量是已知的，所以能够计算丰度反演结果的均方根误差(abundance root mean squared error，ARMSE)。然而对于航空影像数据，每个像素中不同组分的含量是无法确定的，所以不能采用直接的方法获得解混的实际精度。

解混得到的丰度与真实含量之间的均方根误差被用来评估解混精度，即

$$ARMSE = \sqrt{\sum_{i=1}^{m} \delta_i^{\ 2} / m} \tag{3.8}$$

式中，δ_i 是每个混合物的分量残差，m 是混合样本的个数。

3.3.2 混合反射率光谱重建

利用光谱解混得到的端元丰度含量，可以基于对应的解混模型重建出反射率光谱。通过比较模拟出的反射率光谱与原始真实数据之间的差异，可以间接地评估解混模型的精度。对于线性模型来说，重建光谱可以直接通过式(3.1)得到。对于其他四种非线性模型来讲，需要采取与解混预处理相反的逆处理过程才能够将混合光谱转换为反射率光谱。自然对数(NL)模型需要进行指数幂运算的逆运算；包络线去除(CR)模型需要进行“包络线叠加”处理(与包络线去除相反)；自然对数-包络线去除(LCR)模型首先要进行包络线叠加处理，然后还要进行指数幂运算；简化 Hapke(SH)模型需要使用式(3.7)将单次散射反照率转换为反射率光谱。图 3.5 展示了各个模型混合反射率光谱处理的流程。

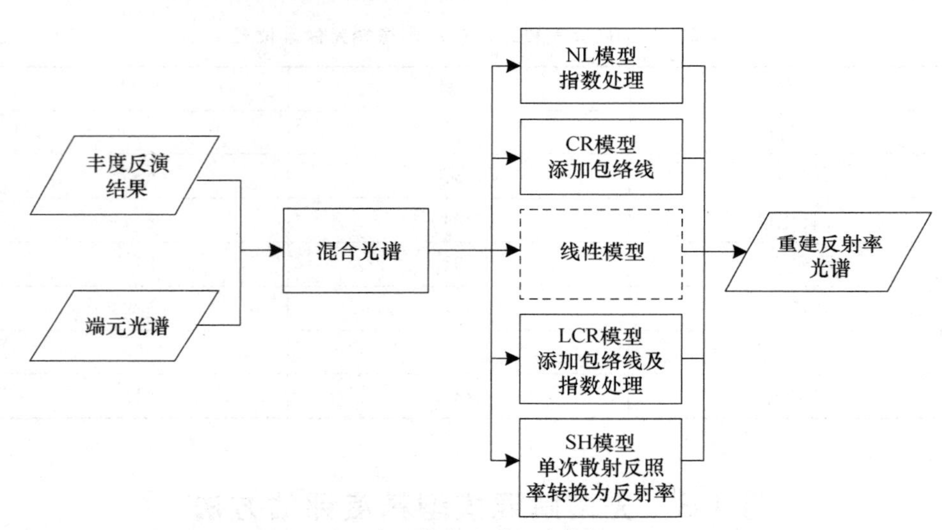

图 3.5 混合反射率光谱重建数据处理流程

3.3.3 混合反射率光谱重建误差分析

混合反射率光谱重建的精度可以从光谱维和空间维分别进行评估。从光谱维角度出发，每一个波段都可以得到一个重建误差，而所有波段重建误差的平均值、最大值、最小值、标准差可以用来评估某个模型在光谱维的精度；从空间维角度出发，每个像素都可以计算得到一个重建误差，同样所有像素重建误差的平均值等统

计量可以作为解混模型在空间维度精度的评价指标。为了消除反射率绝对值高低对重建误差的影响，在评估真实反射率光谱和重建光谱之间的差异时，引入了归一化的重建均方根误差值(reconstruction root mean square error，RRMSE)，即

$$RRMSE=\frac{\sqrt{\sum_{i=1}^{n}\delta_i^{\ 2}/n}}{y_{\max}-y_{\min}} \tag{3.9}$$

式中，δ_i 是单个样本点残差，n 是样本点个数，$y_{\max}$是所有样本点真实反射率的最大值，$y_{\min}$是所有样本点真实反射率的最小值。

如果更进一步地将光谱维和空间维合并起来考虑，即将原始的三维数据方块转换为一个一维向量，那么每个模型都可以计算得到一个综合的 RRMSE 值。通过上述从光谱维、空间维、综合维三个角度对混合反射率重建精度进行评估，可以对不同光谱解混模型的精度有较为全面的分析和了解。

3.3.4　数据处理流程

1. 矿物粉末混合光谱数据处理流程

原始反射率数据经过不同模型的预处理(线性模型不需要进行预处理)后，使用完全约束最小二乘方法进行解混，获得丰度反演结果。在精度分析部分，分别求解丰度和真实丰度之间的误差 ARMSE 及混合反射率光谱重建误差 RRMSE，最终再对两种评价体系之间的关系进行综合分析。图 3.6 展示了实验室粉末光谱的分析流程。值得一提的是，对于点光谱仪获得的光谱来讲，空间维的概念比较抽象。本书假设这些矿物混合物来自不同的地点，那么每条混合光谱就相当于影像中的某一个像素。从这个角度讲，矿物粉末混合光谱也可以从空间维进行分析。

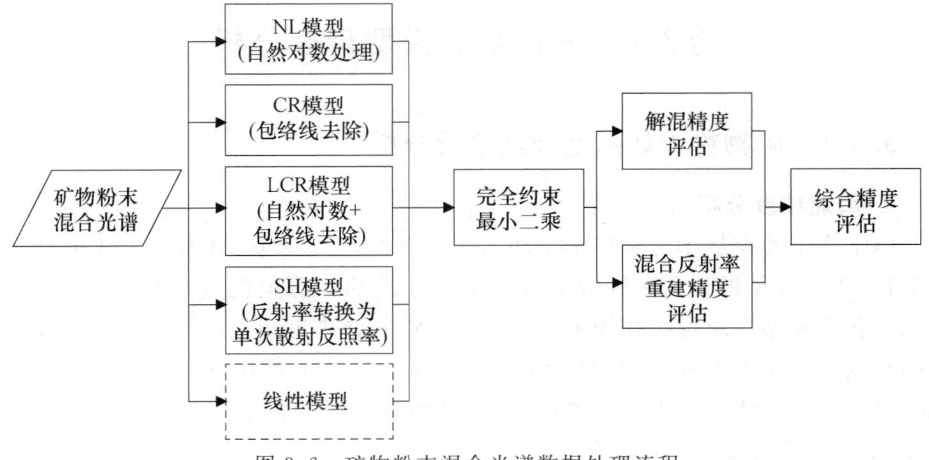

图 3.6　矿物粉末混合光谱数据处理流程

2. 航空高光谱影像数据处理流程

图 3.7 展示了航空 AVIRIS 数据处理流程。整体来讲，该流程思路和矿物粉末数据处理基本相同，区别主要体现在两方面：第一，解混算法方面，采用了目前线性解混算法比较流行的多端元混合光谱分析（multiple endmember spectral mixture analysis，MESMA）算法进行处理，使用的工具是 VIPER（visualization and image processing for environmental research）*，并选择重建误差最小的端元组合作为每个像素的最终处理结果；第二，航空影像数据无法获得逐像素的真实丰度值，所以解混模型精度评估只能通过混合反射率光谱重建误差分析获得。

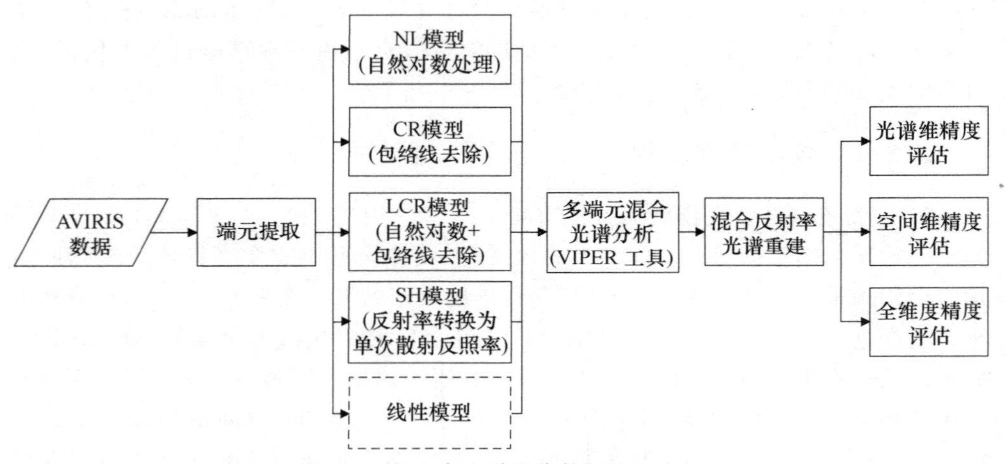

图 3.7　航空高光谱影像数据处理流程

§3.4　光谱解混模型精度分析

3.4.1　矿物粉末数据处理结果及分析

1. 解混精度分析

由于完全约束最小二乘算法中加入了丰度和唯一约束，且本实验数据是二元混合物，所以容易得到这两种端元成分丰度反演的均方根误差是相同的。表 3.4 展示了各个模型在求解矿物粉末混合物样本中石膏丰度含量的结果。线性模型得到的丰度远远小于实际值，其 RMSE 误差值最大（超过了 10%），这一精度水平与 Yan 等（2008）的研究结果相一致，该结果证明线性模型对于矿物粉末混合光谱解

---

* 可从 http://www.vipertools.org 下载。

混精度较低。SH 模型的精度优于 5%，这也和 Mustard 等(1987)的研究结果相符。如果以 Hapke 模型作为标准，那么 NL 模型的精度是低于标准，而 CR 模型和 LCR 模型的精度则高于标准。NL 模型的精度要明显高于线性模型，但是误差大于 5%。CR 模型和 LCR 模型的精度都非常高，其中 CR 模型在石膏含量较低时精度更高。这两种模型的 RMSE 都小于 1.9%，其共同点是包含了去包络线处理，这说明矿物的典型吸收特征提取对于提高矿物光谱解混精度有较为明显的效果。

表 3.4　石膏(P)-绿帘石(A)混合光谱丰度含量反演结果

模型	P5%+A95%	P10%+A90%	P30%+A70%	P50%+A50%	P70%+A30%	P90%+A10%	P95%+A5%	平均 RMSE
线性	0.033 2	0.067 3	0.196 3	0.336 7	0.529 7	0.776 6	0.858	0.114 3
NL	0.040 9	0.081 8	0.241 9	0.412 4	0.619 8	0.828 9	0.890 8	0.061 5
CR	0.048 5	0.106 1	0.321 8	0.519 3	0.732 9	0.895 4	0.944 5	0.017 0
LCR	0.053 3	0.113 2	0.320 9	0.513 9	0.717 9	0.875 0	0.923 3	0.018 8
SH	0.044 6	0.088 1	0.270 0	0.468 5	0.619 8	0.865 2	0.911 6	0.026 2

2. 混合反射率光谱重建精度分析

矿物粉末的光谱重建(MRR)结果如图 3.8 所示。总体来讲，LCR 模型、CR 模型、SH 模型都取得了比较理想的重建光谱，而 NL 模型和线性模型结果较差。LCR 模型和 CR 模型的结果较为接近，并且当绿帘石在混合物中占主导时重建精度更高。SH 模型则正好相反，当石膏含量较高时重建效果更好。可以看出，当某一种成分占主导时，MRR 精度要高于两种成分含量接近的时候，并且短波红外波段重建精度要高于可见光—近红外波段，而这些与之前研究结论一致(Yan et al，2008)。这种现象也验证了短波红外波段在矿物光谱分析当中的优势。

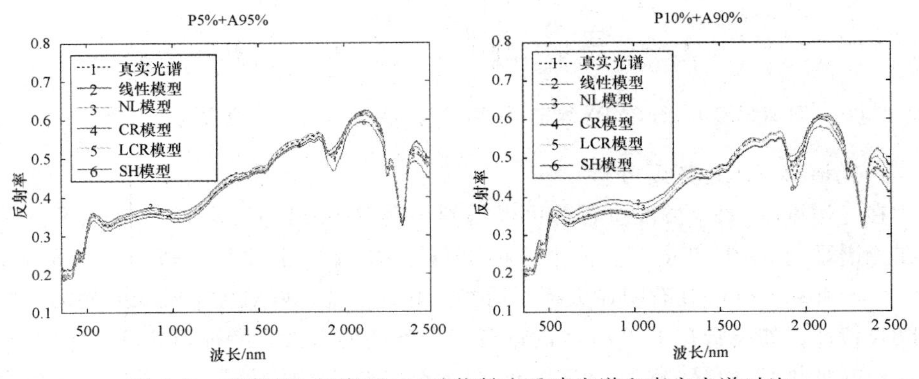

图 3.8　石膏(P)-绿帘石(A)矿物粉末重建光谱和真实光谱对比

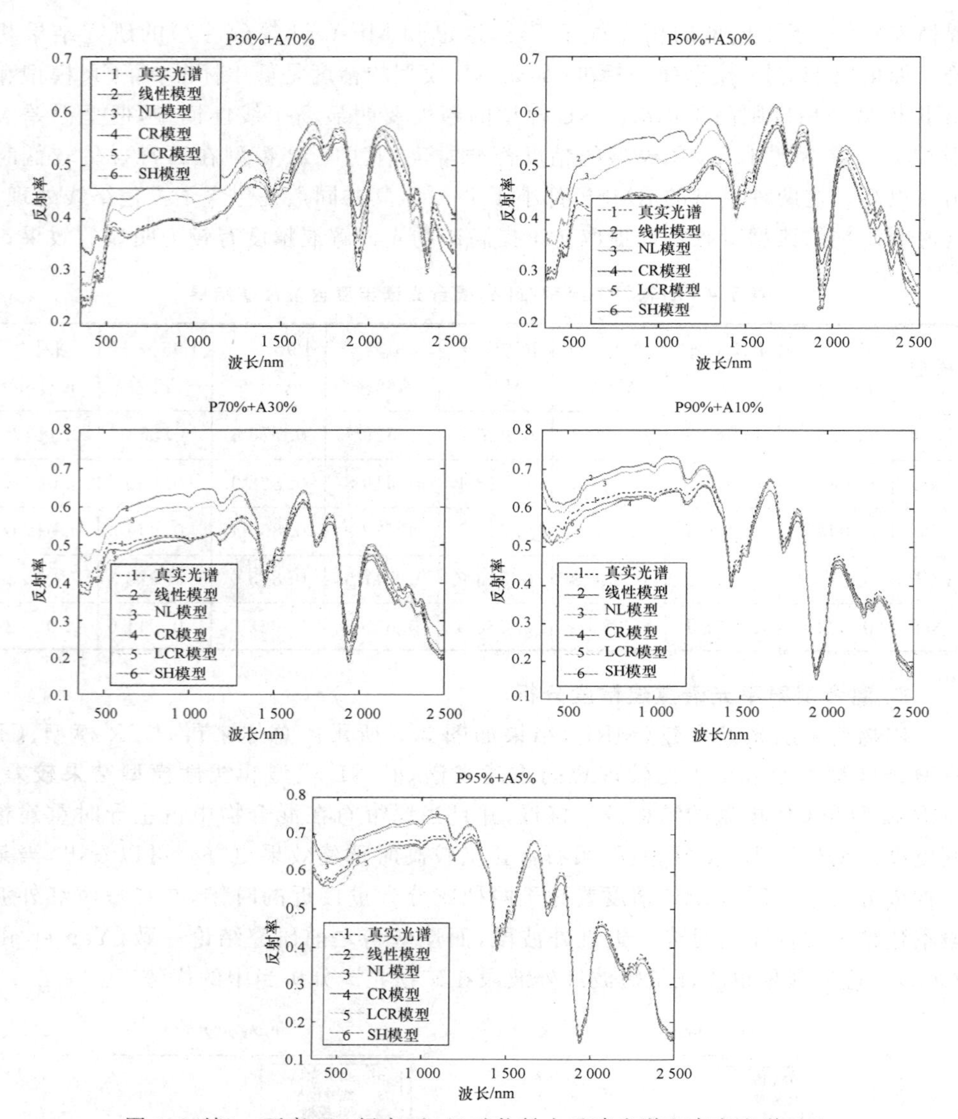

图 3.8(续) 石膏(P)-绿帘石(A)矿物粉末重建光谱和真实光谱对比

1)光谱维 MRR 精度分析

在光谱维上,每个波段位置都可以得到一个 RRMSE 值。图 3.9 展示了五种模型在光谱维的 MRR 精度。总体上五种模型的 RRMSE 曲线是相似的,在1 500 nm、1 800 nm和 2 350 nm 处有明显尖峰。这些尖峰的位置正好对应了端元矿物的一些典型吸收特征。如石膏在 1 500 nm 附近有三个连续的水吸收特征,1 800 nm附近有一个强烈的吸收谷,而绿帘石在 2 350 nm 附近有典型的吸收特征。这说明光谱混合在吸收特征位置附近更为复杂，导致了在这些波段位置不同模型都出现了精度相对较低的现象。这与相关研究结论相符合(Zhao et al，2013)。

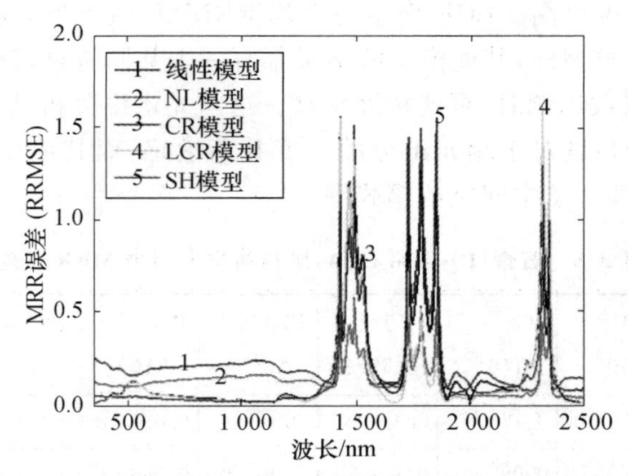

图 3.9　石膏(P)-绿帘石(A)矿物粉末光谱维 MRR 误差曲线

图 3.10 展示了矿物粉末光谱维 MRR 误差的箱式图。本书中的箱式图均采用 OriginPro 8 软件绘制。箱式图是常用的一种统计参量表示方法，假设输入的数据是一个矩阵，那么每一列数据都会形成一个箱子。对于 MRR 误差矩阵，每个模型的 RRMSE 占据一列，所以每个模型会用一个箱子来表示，共有五个箱子。每个箱子上，中心线表示的是中值，上、下边沿分别表示 25%和 75%分位数，中轴线上、下延长到正常取值的极限范围，极限范围外的异常值用星号单独标记。与图 3.9 结果相同，五种模型的箱式图也比较相似，其中 LCR 模型的精度最高，而线性模型精度最低。

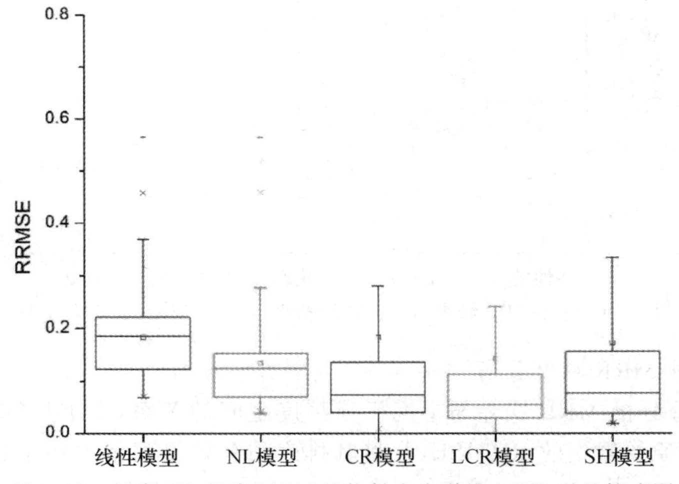

图 3.10　石膏(P)-绿帘石(A)矿物粉末光谱维 MRR 误差箱式图

2)空间维 MRR 精度分析

表 3.5 展示了七组矿物粉末混合物的混合反射率光谱重建结果。LCR 模型和 SH 模型结果精度更高。LCR 模型的平均 RRMSE 值更低,而 SH 模型的标准差较小。除去 SH 模型外,其他模型的结果都有一个共同特点,就是当某种成分在混合物中占绝大多数比例时,重建精度更高。这与光谱维分析结果相一致。同时,也说明 SH 模型的精度对于端元组分的丰度并不敏感,而其他模型受丰度含量影响较大。图 3.11 展示了空间维的箱式图。

表 3.5 石膏(P)-绿帘石(A)矿物粉末空间维 MRR 误差

模型	P5%+A95%	P10%+A90%	P30%+A70%	P50%+A50%	P70%+A30%	P90%+A10%	P95%+A5%	平均值	均方差
线性	0.027 908	0.052 744	0.166 175	0.222 277	0.169 09	0.087 845	0.059 273	0.112 2	0.073 4
NL	0.015 606	0.026 17	0.087 81	0.131 475	0.107 397	0.066 398	0.048 862	0.069 1	0.042 5
CR	0.015 756	0.030 343	0.063 092	0.064 524	0.054 444	0.043 102	0.030 377	0.043 1	0.018 5
LCR	0.012 116	0.020 677	0.047 876	0.052 253	0.046 206	0.039 763	0.028 746	0.035 4	0.015 2
SH	0.036 987	0.042 839	0.049 912	0.038 602	0.029 258	0.043 497	0.037 712	0.039 8	0.006 5

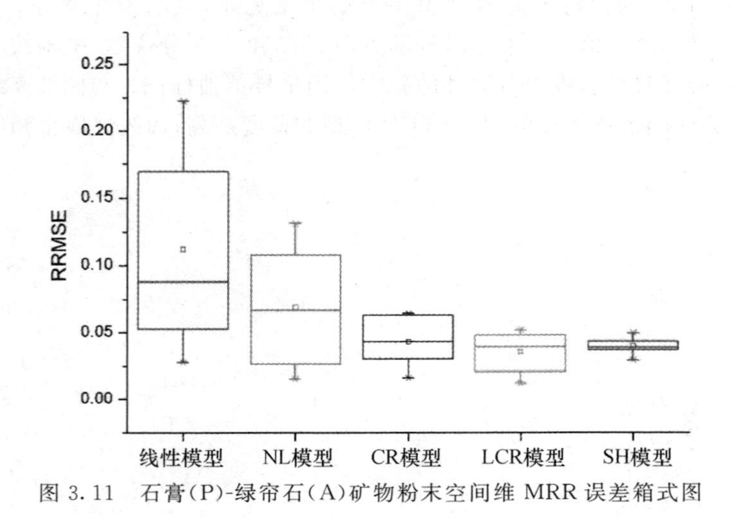

图 3.11 石膏(P)-绿帘石(A)矿物粉末空间维 MRR 误差箱式图

3)综合维 MRR 精度分析

为了充分分析 MRR 误差与丰度反演精度之间的关系,本书计算了五种模型 MRR 结果与原始数据的 RRMSE,并将其排序与各模型的解混精度排序作对照,如表 3.6 所示。

表 3.6　石膏(P)-绿帘石(A)矿物粉末综合维 MRR 误差与解混精度对比

模型	综合维 MRR 误差（RRMSE）	排名	解混精度（ARMSE）	排名
线性	0.089 9	5	0.114 3	5
NL	0.056 7	4	0.061 5	4
CR	0.033 4	3	0.017 0	1
LCR	0.028 2	1	0.018 8	2
SH	0.031 1	2	0.026 2	3

尽管 CR 模型的解混结果最好，但是它的重建精度仅排在第三名。包络线去除光谱是归一化的处理结果，其光谱值并不与原始反射率值高低对应，所以包络线去除光谱的线性混合并不具有非常严格的物理含义，这也可能是导致重建反射率光谱精度并不高的原因之一。LCR 模型的 MRR 精度和丰度反演精度都非常高，说明其在混合光谱分析当中有巨大潜力。SH 模型表现稳定，取得了相当高的精度，这也证明了这一经典模型的效果。NL 模型和线性模型的精度并不是很高，说明对于矿物粉末混合物来讲，这两种模型并不很适合。

总体来讲，除了 CR 模型由于归一化导致 MRR 精度受到较大影响，MRR 精度的排序和丰度反演精度的排序是一致的。因此，MRR 精度可以作为解混精度的一种很好的间接指标，尤其是当实际丰度含量无法获取时。在下面章节对航空高光谱数据进行处理时，就将采用 MRR 精度分析作为不同解混模型的精度评价指标。

3. 多端元混合物反射率光谱重建精度分析

为了分析不同模型在更复杂的多端元混合光谱解混问题中的精度，对石膏、绿帘石和方解石组成的三元矿物粉末混合物（组分详见表 3.2）光谱进行处理，基本流程与图 3.6 完全相同。由于重点是进行五种模型的精度比较，仅就综合维的 RRMSE 精度进行分析，如表 3.7 所示。

表 3.7　三元矿物粉末综合维 MRR 误差

模型	MRR 误差	排名
线性	0.194 0	5
NL	0.126 9	4
CR	0.061 5	3
LCR	0.051 7	1
SH	0.055 2	2

总体来讲,三元矿物粉末混合物的MRR误差要明显高于石膏(P)-绿帘石(A)二元矿物混合物,尤其是线性模型和自然对数模型。这说明多元矿物光谱混合模型确实比二元混合物更为复杂。不过,表3.7中五种模型的精度排序和二元混合物完全相同,这说明各个模型在二元和多元混合光谱处理中的效果是比较稳定的,也证明了本书所用精度评估方法的有效性。

3.4.2 航空高光谱数据处理结果及分析

1. 解混结果

图3.12(彩图见文后)展示了菱镁矿等五种端元的丰度反演结果,目的是对不同模型解混效果进行直观比较。整体上各个模型的丰度反演结果比较相近,都与之前研究结果较为一致(Kruse et al,2003)。LCR模型的丰度反演结果区分度更好,并且高丰度含量的像素能够很容易识别出来。CR模型的结果对比度效果也比较理想。NL模型和SH模型的结果非常相似。由于航空数据无法获得每个像素的真实丰度含量,所以在下一节的分析中将采用MRR误差分析的方法来对各个解混模型的精度进行定量分析。

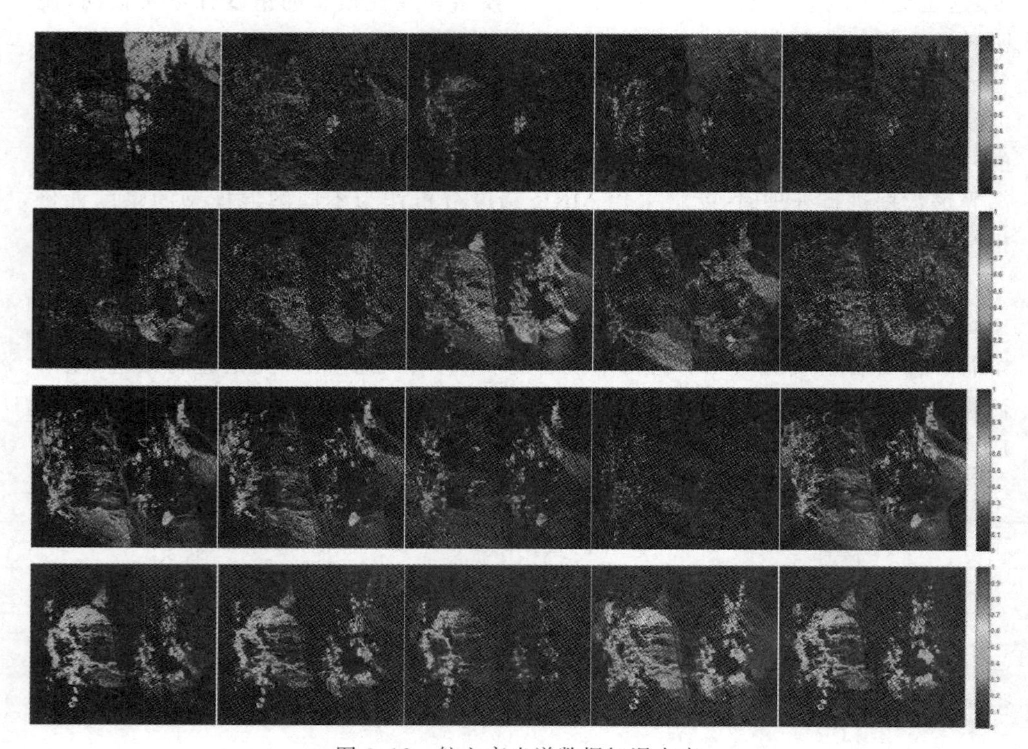

图3.12 航空高光谱数据解混丰度

图 3.12(续)　航空高光谱数据解混丰度

注:从上到下为菱镁矿、明矾石(2.16 μm)、高岭石、明矾石(2.18 μm)和方解石,从左到右为线性模型、NL 模型、CR 模型、LCR 模型和 SH 模型

2. 混合反射率光谱重建精度分析

原始数据和五种模型重建反射率数据的三维立方体如图 3.13 所示(彩图见文后)。可以看出,各个模型还原得到的模拟数据与原始数据目视效果是很相似的。但是细节的差异仍然存在:线性模型、NL 模型、SH 模型都不同程度出现了白色异常像元,而 CR 模型和 LCR 模型则没有这一现象。接下来,本书将同样对 MRR 结果从光谱维、空间维、综合维三个角度进行剖析。

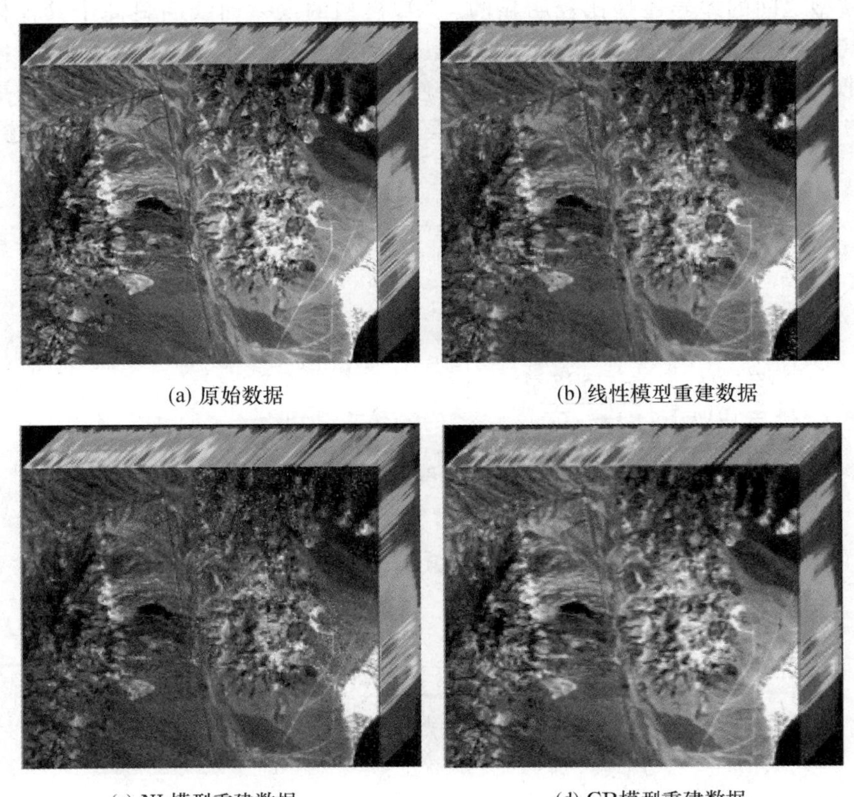

图 3.13　原始数据和各模型重建数据三维立方体

(e) LCR模型重建数据

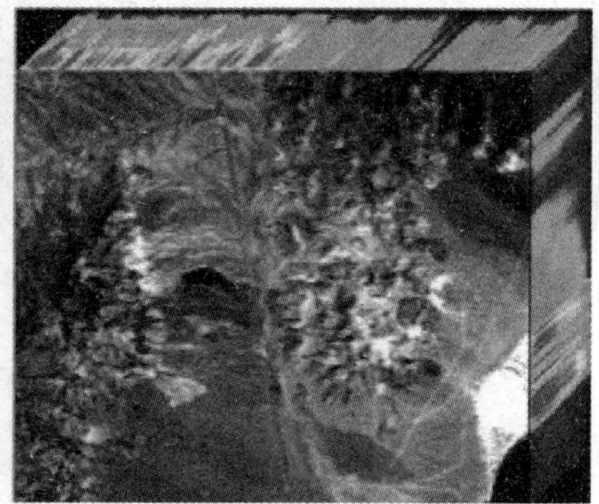
(f) SH模型重建数据

图 3.13(续)　原始数据和各模型重建数据三维立方体

1)光谱维 MRR 精度分析

图 3.14 展示了五种模型混合反射率光谱重建结果在光谱维的 RRMSE 曲线。不同模型之间的差异还是比较明显的。NL 模型的误差曲线明显高于其他模型，说明其精度最低。线性模型和 SH 模型误差低于 NL 模型，且彼此较为接近。LCR 模型和 CR 模型的精度最高，但在绝大多数波段上 LCR 模型的精度更高。表 3.8展示了五种模型在光谱维 MRR 误差的平均值及其排序，结果与上述论述一致。

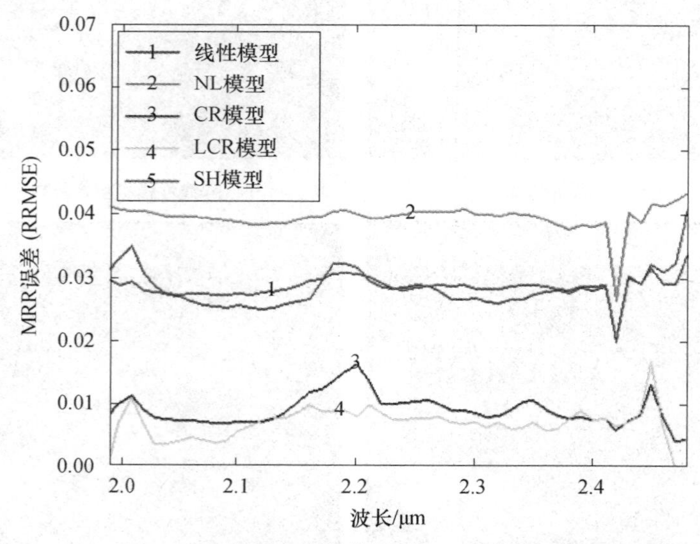

图 3.14　航空高光谱数据 MRR 光谱维误差

表3.8　航空高光谱数据光谱维 MRR 误差平均值及排序

模型	光谱维 MRR 误差 (RRMSE)	排名
线性	0.0290	4
NL	0.0395	5
CR	0.0091	2
LCR	0.0068	1
SH	0.0282	3

在这些 RRMSE 曲线上，出现了若干尖峰和低谷。尖峰的位置出现在2.01～2.02 μm、2.2 μm 及 2.45 μm 附近，而线性模型、NL 模型和 SH 模型在 2.42 μm 处有低谷。但是，这些尖峰和低谷并不是所有模型所共有的。在前面矿物粉末混合物的分析中，五种模型的 MRR 光谱维误差曲线没有明显差异，而在航空高光谱数据分析中则不是这样。这一发现表明，光谱维 RRMSE 曲线的尖峰和低谷不仅仅与端元的吸收特征有关，还与模型本身也有一定关联。由于本影像当中涉及的端元比较复杂，很难得到这些尖峰和波谷所对应的端元成分或者吸收特征。将来在其他影像的分析中，会进一步对光谱维 RRMSE 曲线的波形特征进行分析。

为了更清晰地展示光谱维 MRR 精度分析结果，制作箱式图如图 3.15 所示。与前面分析相同，LCR 模型和 CR 模型的精度最高，而 NL 模型的精度较低。从箱子的高度可以看出，各个模型的标准差较为接近。

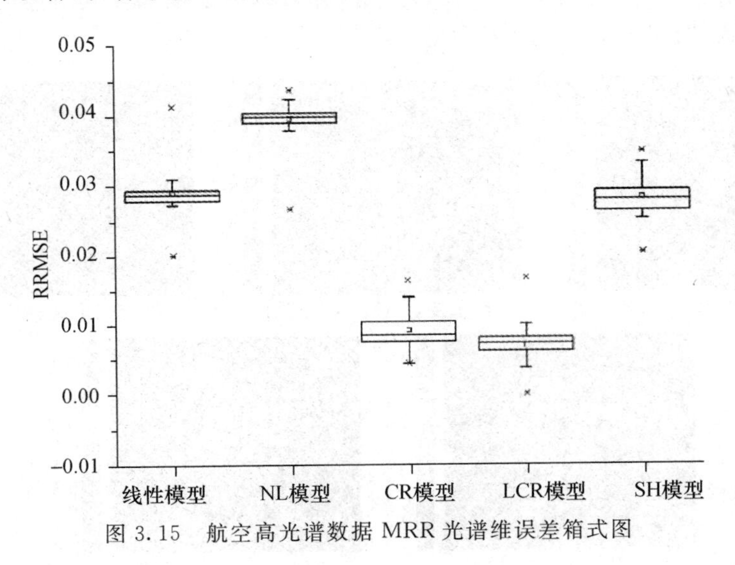

图 3.15　航空高光谱数据 MRR 光谱维误差箱式图

2)空间维 MRR 精度分析

图 3.16(彩图见文后)展示了航空数据的空间维 MRR 误差。为了展示不同模型的误差空间分布特征,而不是误差值本身,所以本书对不同影像采用了不同的拉伸方法,以达到最佳的目视效果。

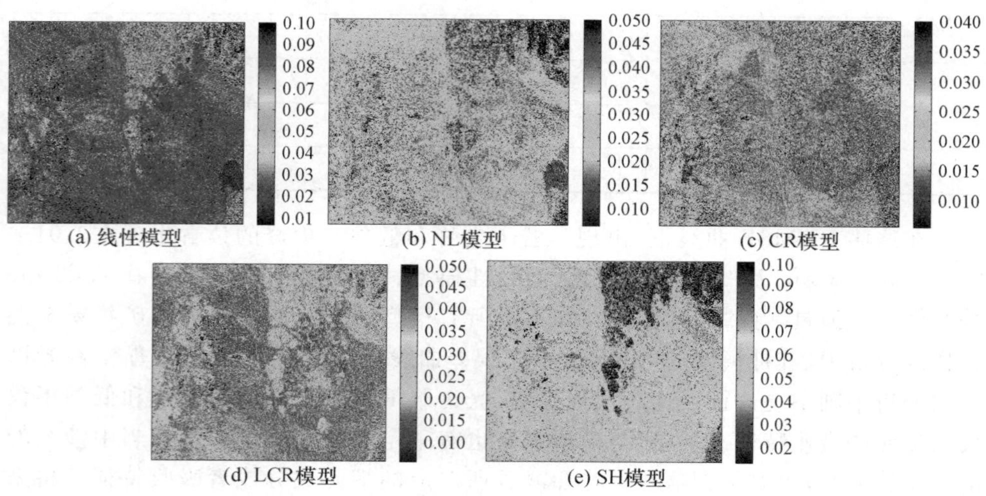

图 3.16　航空高光谱数据 MRR 空间维误差

从图 3.16 可以看出,不同模型的空间维误差分布有一定的相似性,并且在中部区域和右上区域误差值偏高,这可能是由于端元空间分布导致的结果。本书对丰度反演结果和误差分布进行了比较分析,并对每种模型选择其对空间误差影响最大的端元,如图 3.17 所示(彩图见文后)。

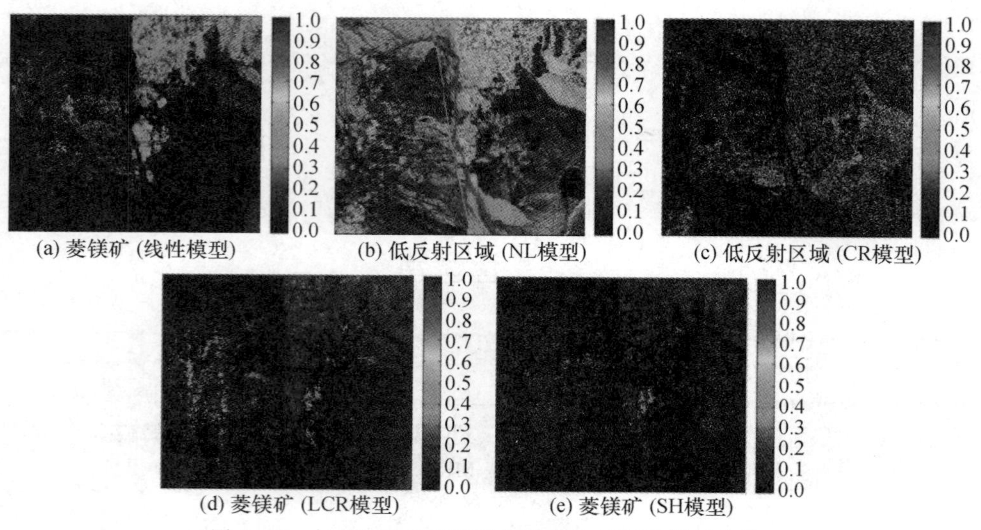

图 3.17　与 MRR 空间维误差相关性最高的端元丰度

不同模型选出的端元种类不尽相同，但不外乎菱镁矿和低反射区域两种。可能的原因有两个：第一是这些端元的光谱并不典型；第二是这些端元所在区域受其他因素影响，使混合模型精度降低。CR 模型 MRR 空间分布较为均匀，这说明该模型受空间效应影响较小，同时也印证了包络线去除算法能够有效消除或降低因地形、大气及光照等因素而导致的空间差异性。

图 3.18 展示了五种模型 MRR 空间维误差箱式图。LCR 模型和 CR 模型获取的精度优于其他模型。从箱式图很难区分出两者精度的高低，但 MRR 误差均值显示 LCR 模型的平均精度要高于 CR 模型，如表 3.9 所示。线性模型和 NL 模型精度较为接近。最为意外的是，SH 模型空间维混合反射率重建误差要明显高于其他模型，这说明 SH 模型的混合反射率光谱重建精度在空间维并不稳定，这与前面矿物粉末混合物处理结果完全相反。这可能是由于 SH 模型设定的一些前提和模型假设在航空或卫星数据应用当中并不完全成立，如在裸露岩矿区域使用颗粒模型进行模拟并不准确。因此，在采用高光谱影像数据对地球矿产资源探测时，使用 SH 模型有较高风险，需要谨慎考虑。

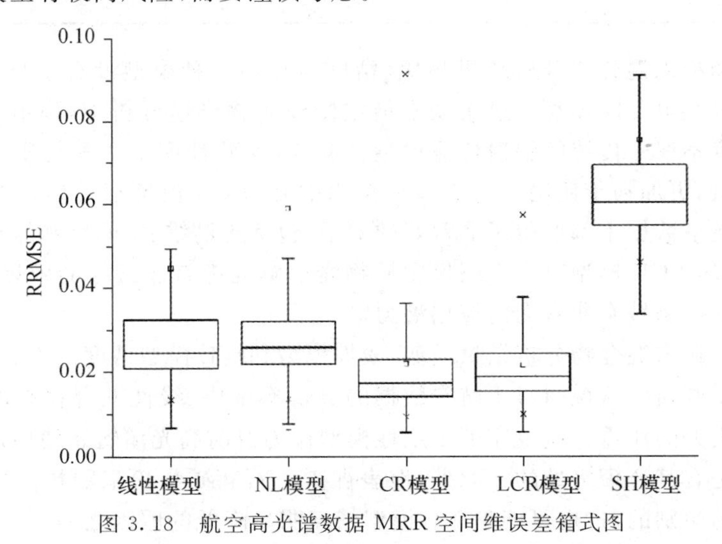

图 3.18　航空高光谱数据 MRR 空间维误差箱式图

表 3.9　各解混模型二元矿物粉末空间维 MRR 误差平均值及排序

模型	空间维 MRR 误差(RRMSE)	排名
线性	0.044 8	3
NL	0.059 1	4
CR	0.021 9	2
LCR	0.021 5	1
SH	0.075 7	5

3)综合维 MRR 精度分析

表 3.10 展示了航空 AVIRIS 数据的 MRR 综合维误差值。LCR 模型和 CR 模型取得了最高的精度,误差明显低于其他模型。与矿物粉末混合物分析结果相同,LCR 模型的精度仍然位列第一名。SH 模型和线性模型精度较为接近,NL 模型精度最低。

表 3.10 航空高光谱数据 MRR 综合维误差

模型	综合维 MRR 误差(RRMSE)	排名
线性	0.019 6	4
NL	0.026 9	5
CR	0.006 4	2
LCR	0.005 0	1
SH	0.019 2	3

与矿物粉末混合物分析结果相比,精度最高的三种模型没有变化,都是 LCR 模型、CR 模型和 SH 模型。这表明在航空影像矿物光谱分析中,LCR 模型和 CR 模型的精度不亚于传统的辐射传输模型。此外,这两种模型并不需要输入地表物理特性参量,更加易于使用。特别值得指出的是,LCR 模型在处理矿物粉末混合物数据和航空数据中都取得了非常好的效果,包括光谱维、空间维和综合维。这表明,新提出的 LCR 模型对于不同尺度矿物光谱解混都有非常好的效果,在高光谱遥感地质探矿领域有非常大的应用潜力。

与矿物粉末混合物分析结果类似,线性模型和 NL 模型精度位于后两名,但其排序发生了调换。这说明对于航空数据的分辨率来讲,线性混合在光谱混合效应中占据了更大的比重。这也印证了线性模型作为目前高光谱遥感使用最为广泛的解混模型是有其合理之处的。此外,地表裸露岩石和矿物粉末颗粒的物理特性是有比较大的区别的,这也可能是 NL 模型精度明显降低的原因之一。

3. 大气校正对于混合反射率光谱重建精度的影响分析

为了研究大气校正对于光谱解混模型精度的影响,同时验证之前章节对于模型精度评估的结果是否可靠,现选取同一景原始数据的 ATREM 模型和平场域法大气校正结果进行解混模型精度评估。由于本小节着重考虑的是五种模型受大气校正因素影响的大小,因此仅对 MRR 结果从综合维进行精度分析,结果如表 3.11 所示。

总体来讲,ATREM 模型的重建误差要明显小于平场域法,这说明大气校正准确与否对于解混精度是有很强的影响的,而更准确的大气校正有助于提高光谱解混精度。具体就各个模型的精度排序而言：LCR 模型和 CR 模型的精度仍然分别排在第一名和第二名，并且 LCR 模型的精度要远远高于其他模型；SH 模型精度排名垫底，这说明 SH 模型对于大气校正的精度非常敏感，其在地球地质勘探中的应用价值并不是很高。

表 3.11　不同大气校正数据 MRR 综合维误差

模型	ATREM 模型		平场域法	
	综合维 MRR 误差(RRMSE)	排名	综合维 MRR 误差(RRMSE)	排名
线性	0.072 4	3	0.172 5	4
NL	0.095 3	4	0.171 8	3
CR	0.054 2	2	0.136 6	2
LCR	0.009 7	1	0.022 4	1
SH	0.098 1	5	0.301 3	5

此外，还可以发现 ATREM 模型的精度要低于 3.5.2 节中的综合维精度。分析有两个原因造成：首先，本节中的 ATREM 模型并未经过 EFFORT 程序处理；第二，本节解混端元是从影像中选取的若干纯像素光谱，不如之前章节采用 PPI 算法提取的端元光谱准确。

第4章　光谱位置对矿物定量反演精度影响分析

目前,线性光谱混合模型仍是国内外研究最深入、应用最广泛的光谱解混模型(Ichoku et al,1996)。研究人员对矿物的混合光谱性状做了研究,结果表明混合光谱与端元矿物的相对含量在短波红外谱段近似为线性关系(王润生 等,2007)。因此,在该波段范围采用线性混合模型对矿物混合物进行解混具有较高的实用价值。但是在不同光谱位置,高光谱定量反演模型的精度并不相同,因此选取局部精度更高的波段求解比采用所有波段求解具有更高的精度(Gomez et al,2008;Qi et al,2014)。如何有效进行波段选择,提高线性光谱解混精度,是亟待解决的难题。目前还没有算法能够有效分析单个波段的解混精度,所以也就无从探究光谱位置对于解混精度的影响。

比值法和导数光谱法是常用的光谱处理方法。这两种方法可以增强光谱反差,降低相似光谱之间的相关系数,提取重叠光谱吸收特征,提高目标信息的提取精度(Zhang et al,2004;Debba et al,2006)。1990年,Salinas等首次提出了比值导数法的概念,并基于该方法建立紫外吸收光谱分析模型,求得溶液中两种成分的含量。至今,比值导数法仍然是化学药物分析领域重要的光谱分析方法(Vipul et al,2007;Zaazaa et al,2009;Bahram et al,2012)。与普通的联立方程求解方法相比,利用比值导数法进行光谱分析不仅能够更好地区分出相似组成成分的光谱,且不需要采用复杂算法即可同时选择多个波段与求解包含多个未知数的方程组,计算机运行效率更高(Erk,1998)。在之前的研究中,光谱导数法只应用于溶液透过率光谱处理,并没有被用于遥感反射率光谱分析。

本书将比值导数法与线性光谱混合模型相结合,提出比值导数混合光谱解混模型,采用矿物粉末混合物光谱分析了不同光谱位置的解混精度,并尝试对解混精度较高的强线性波段光谱特征进行总结。

§4.1　比值导数反射率光谱解混模型

4.1.1　线性光谱混合模型

线性光谱混合模型中,像元在某一波段的光谱反射率表示为占一定比例的各个基本端元组反射率的线性组合。该模型基于以下假设:在瞬时视场下,各组分光谱线性混合,其比例由相关端元组分光谱的丰度决定。基于以上假设,建立了线性

光谱混合模型，即

$$r(\lambda_i) = \sum_{j=1}^{m} F_j r_j(\lambda_i) + \xi(\lambda_i) \tag{4.1}$$

式中，$i=1、2、3、\cdots、n$，表示光谱通道；$j=1、2、3\cdots、m$，表示端元组分；F_j 为各端元组分在混合物中的丰度，为待求参数；$r_j(\lambda_i)$ 为在 λ_i 波长位置第 j 个端元的反射率；$\xi(\lambda_i)$ 为第 i 个光谱通道的误差项。

4.1.2　比值导数反射率光谱解混

基于线性光谱混合模型，当像元内包含两种矿物组分时，模型可简化为

$$r(\lambda_i) = F_1 \times r_1(\lambda_i) + F_2 \times r_2(\lambda_i) + \xi(\lambda_i) \tag{4.2}$$

当在式(4.2)两侧同时除以第二种组分的光谱，等式变为

$$\frac{r(\lambda_i)}{r_2(\lambda_i)} = F_2 + \frac{F_1 \times r_1(\lambda_i)}{r_2(\lambda_i)} + \xi_1{}'(\lambda_i) \tag{4.3}$$

其中

$$\xi_1{}'(\lambda_i) = \frac{\xi(\lambda_i)}{r_2(\lambda_i)}$$

式(4.3)两边对 λ_i 求导，则有

$$\frac{\mathrm{d}}{\mathrm{d}\lambda}\left(\frac{r(\lambda_i)}{r_2(\lambda_i)}\right) = F_1 \times \frac{\mathrm{d}}{\mathrm{d}\lambda}\left(\frac{r_1(\lambda_i)}{r_2(\lambda_i)}\right) + \xi_1{}''(\lambda_i) \tag{4.4}$$

其中

$$\xi_1{}''(\lambda_i) = \frac{\mathrm{d}}{\mathrm{d}\lambda}\left(\frac{\xi_1{}'(\lambda_i)}{r_2(\lambda_i)}\right)$$

从式(4.4)可以看出，此时导数光谱已经与第二种组分的含量无关。也就是说，求导后的光谱只与一种组分的丰度线性相关，而与作为除数的组分丰度无关。两侧都除以$\frac{\mathrm{d}}{\mathrm{d}\lambda}\left(\frac{r_1(\lambda)}{r_2(\lambda)}\right)$，则可以得到第一种组分的丰度为

$$F_1 = f_1(\lambda_i) + \xi_1{}'''(\lambda_i) \tag{4.5}$$

其中

$$f_1(\lambda_i) = \frac{\frac{\mathrm{d}}{\mathrm{d}\lambda}\left(\frac{r(\lambda_i)}{r_2(\lambda_i)}\right)}{\frac{\mathrm{d}}{\mathrm{d}\lambda}\left(\frac{r_1(\lambda)}{r_2(\lambda)}\right)}, \xi_1{}'''(\lambda_i) = \frac{\xi_1{}''(\lambda_i)}{\frac{\mathrm{d}}{\mathrm{d}\lambda}\left(\frac{r_1(\lambda)}{r_2(\lambda)}\right)}$$

可以看出，式(4.5)右侧分为两个部分：$f_1(\lambda_i)$表示比值导数光谱分析在该波段得到的解混结果；$\xi_1{}'''(\lambda_i)$是误差补偿项，包含了非线性混合因素的影响、噪声等。同理，采用类似的处理方式可得到第二种组分的含量 $f_2(\lambda_i)$及误差项$\xi_2{}'''(\lambda_i)$。通过以上推导可以看出，比值导数法光谱分析具有严格的数学推导证明，算法简洁，避免了最小二乘法中穷举迭代的复杂运算，使得光谱解混过程得到简化。

通常的光谱混合分析方法假设各个波段线性混合程度相同，采用全波段光谱数据进行无差别解混运算。然而在实际求解过程中发现，不同波段光谱混合的非线性程度有差异，噪声大小也有所不同，由此导致对所有波段采用线性混合模型求解误差较大。比值导数光谱混合分析拟首先测量若干组已知混合成分的混合物的光谱作为验证数据，通过比值导数光谱处理求得各波段处的 $f_1(\lambda_i)$，进而通过与实际丰度的比较得到各波段的误差大小 $\xi_1'''(\lambda_i)$，然后采用误差最小的波段建模，从而改进光谱混合分析模型精度。此外，由于不同组分 $\xi'''(\lambda_i)$ 较小的波段可能有所不同，所以对各端元组分采用不同的波段进行解混也可以提高解混模型精度。

§4.2 基于比值导数模型的矿物光谱解混分析

本节采用的是第 3 章用到的石膏和绿帘石粉末混合光谱数据，如表 3.1 所示。利用式(4.3)对各光谱分别以石膏光谱和绿帘石光谱作为除数进行光谱比值处理，得到比值光谱，如图 4.1 所示。当以绿帘石光谱作为除数时，石膏的强光谱特征得到突出，如图 4.1(a)所示；反之则绿帘石的强光谱特征得到突出，如图 4.1(b)所示。总之，光谱比值处理能够将作为除数的组分光谱特征作为背景压制，从而突出其他组分对混合光谱的影响。

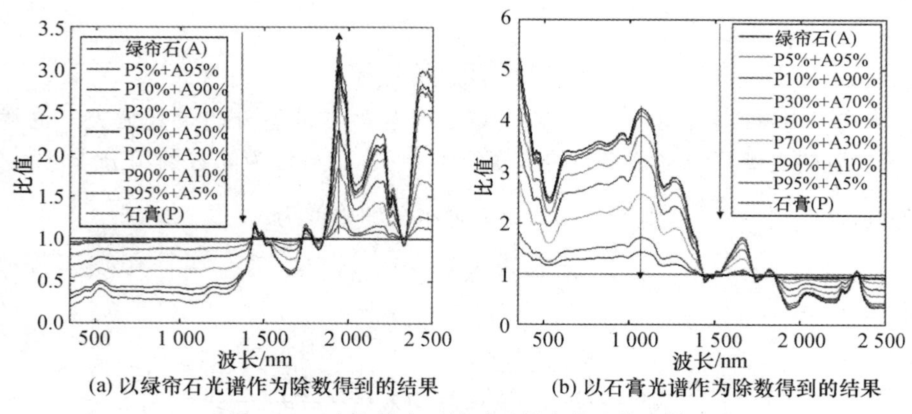

(a) 以绿帘石光谱作为除数得到的结果 (b) 以石膏光谱作为除数得到的结果

图 4.1 石膏-绿帘石端元及混合物比值光谱

利用式(4.4)分别对图 4.1(a)和图 4.1(b)中的光谱求导，得到如图 4.2 所示的比值导数光谱。求导后的光谱只与一种组分的丰度线性相关，而与作为除数的组分无关。也就是说，通过比值导数法处理混合光谱，可以消除某种端元组分的影响，从而得到光谱值与另一种组分的线性关系。比值导数光谱中的任意波段均可按照式(4.5)得到混合光谱中石膏和绿帘石的丰度反演结果(未进行归一化约束)。

为获得更高的丰度反演精度，可以对两种组分分别采用不同的波段进行丰度反演，实现混合光谱中端元丰度的独立解算。针对石膏和绿帘石，分别计算各波段求解出的丰度与实际丰度的均方根误差，得到解混精度最高的五个波段。将这些波段的丰度反演结果与全波段完全约束最小二乘(fully controlled least square，FCLS)得到的结果进行比较，如表 4.1 和表 4.2 所示。

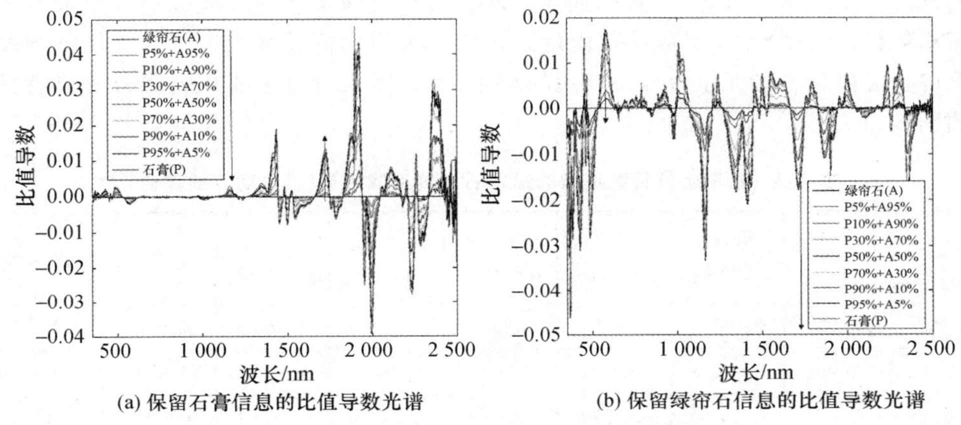

(a) 保留石膏信息的比值导数光谱　(b) 保留绿帘石信息的比值导数光谱

图 4.2　石膏-绿帘石端元及混合物比值导数光谱

表 4.1　基于比值导数模型的石膏丰度反演结果(排名前 5 的波段)

混合物 \ 丰度 \ 波长	No. 1：1 436 nm	No. 2：1 437 nm	No. 3：1 435 nm	No. 4：1 741 nm	No. 5：1 739 nm	FCLS	实际丰度
P5%＋A95%	0.043 8	0.047 4	0.044 0	0.057 6	0.045 6	0.033 2	0.050 0
P10%＋A90%	0.100 4	0.103 4	0.097 9	0.101 1	0.098 5	0.067 3	0.100 0
P30%＋A70%	0.287 1	0.291 7	0.281 9	0.299 5	0.289 2	0.196 3	0.300 0
P50%＋A50%	0.490 5	0.496 5	0.483 5	0.507 4	0.500 8	0.336 7	0.500 0
P70%＋A30%	0.710 7	0.717 0	0.705 8	0.725 4	0.722 4	0.529 7	0.700 0
P90%＋A10%	0.898 8	0.899 7	0.895 1	0.910 2	0.907 7	0.776 6	0.900 0
P95%＋A5%	0.939 2	0.940 6	0.939 6	0.953 3	0.952 2	0.858 0	0.950 0
均方根误差	0.008 7	0.008 3	0.010 7	0.011 2	0.010 0	0.114 3	—

通过比较可以看出，比值导数光谱混合分析可以在多个波段上获得远高于完全约束最小二乘法的反演精度。其中，石膏丰度反演误差低于 1.2%，绿帘石丰度反演误差低于 2.2%。完全约束最小二乘法石膏和绿帘石反演误差为 11.43%。初步分析，最小二乘法获得的是所有波段求解出的整体误差最小的解，而比值导数

光谱混合分析只采用局部单个波段分别得到不同矿物组分丰度结果。结果表明，矿物粉末混合物在可见光—近红外—短波红外波段范围内光谱混合的线性和非线性程度并不相同，这与王润生等(2007)的研究结果是一致的。比值导数光谱分析模型利用部分具有强线性混合特性的波段，就可以得到精度远远高于全波段求解的结果，这说明比值导数光谱混合分析模型具有比普通全波段线性混合模型更高的精度。比较中还发现，石膏的强线性混合波段与绿帘石的强线性混合波段有一定相似性，并且分布于吸收特征附近。这说明采用比值导数光谱混合分析的强线性混合波段是各端元组分综合作用的结果，并且很大程度上受矿物组分光谱特征的影响。

表 4.2　基于比值导数模型的绿帘石丰度反演结果(排名前 5 的波段)

混合物＼丰度＼波长	No. 1：1 432 nm	No. 2：1 433 nm	No. 3：1 434 nm	No. 4：1 431 nm	No. 5：1 857 nm	FCLS	实际丰度
P5%＋A95%	0.948 4	0.951 0	0.947 9	0.950 8	0.946 3	0.966 8	0.950 0
P10%＋A90%	0.902 8	0.902 6	0.898 1	0.906 4	0.903 0	0.932 7	0.900 0
P30%＋A70%	0.720 0	0.715 3	0.708 9	0.727 4	0.720 1	0.803 7	0.700 0
P50%＋A50%	0.513 9	0.506 8	0.498 9	0.520 7	0.498 6	0.663 3	0.500 0
P70%＋A30%	0.295 1	0.290 6	0.284 6	0.301 8	0.287 2	0.470 3	0.300 0
P90%＋A10%	0.131 4	0.129 5	0.127 4	0.135 7	0.132 8	0.223 4	0.100 0
P95%＋A5%	0.077 1	0.079 0	0.078 6	0.077 2	0.063 6	0.142 0	0.050 0
均方根误差	0.018 3	0.017 3	0.016 4	0.021 5	0.016 3	0.114 3	—

§4.3　基于比值导数模型的矿物强线性波段特征分析

通过上一节的研究可以看出，比值导数光谱解混模型是一种有效的光谱解混模型。它以消除混合物中其他物质的影响而直接得到目标物含量与混合光谱变化之间的对应关系，并提取出对于目标信息较为敏感的波段，即强线性波段。采用强线性波段进行线性解混求解某种矿物成分含量，将可以很大程度消除非线性混合因素的影响，提高求解精度。本节首先对矿物粉末光谱和固体矿物光谱进行比较分析，然后基于比值导数解混模型提取出矿物粉末混合物中不同成分的强线性波段，并对其特征从多角度展开分析，探讨光谱位置对于光谱解混精度的影响。

4.3.1　矿物粉末与固体光谱比较分析

研究表明，固体矿物样品与粉末矿物的光谱存在一定差异（Cooper et al，2002）。为明确两者之间的差异，分别采用地面光谱仪获取同种矿物在粉末状态和固体状态下的光谱，如图4.3所示。整体来看，固体矿物光谱和粉末矿物光谱的变化趋势基本一致，但区别也很明显。首先，固体矿物样品的反射率要低于粉末矿物；其次，矿物的吸收特征有着显著差异。石膏吸收特征的深度变化较为复杂，有些较粉末光谱变深，如在1 000 nm左右的吸收谷显著加深；而有些吸收特征则变弱甚至消失，如在1 450 nm及1 940 nm的吸收特征都趋于平缓。相比较而言，绿帘石的粉末光谱和固体矿物光谱吸收特征保持基本一致。这说明，固体岩石光谱特征的影响因素较为复杂，可能与晶体形态、岩石结构、矿物成分等都有关系。目前已有的岩矿辐射传输模型和光谱库基本都是针对矿物粉末颗粒的，固体矿物光谱特性的研究还不成熟，与精确定量分析还有一定差距。而且，矿物粉末利于充分混合和精确计量，在实际岩矿分析中也可较为方便地获取不同粒径粉末，所以本书接下来的实验也将针对矿物粉末进行混合实验。

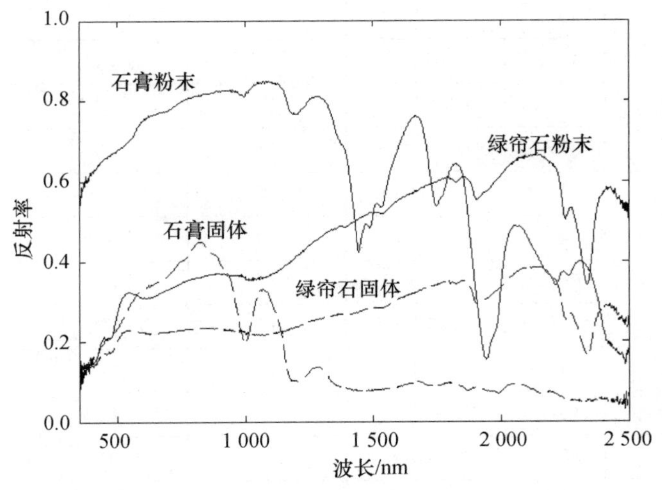

图4.3　石膏-绿帘石矿物粉末与固体矿物光谱比较

4.3.2　矿物粉末光谱强线性波段提取

实际数据处理当中，各个波段并不都符合线性混合模型。在非线性特性较强的波段，利用比值导数法求解出的丰度就会与实际矿物含量有较大误差。强线性波段是光谱反射率值与矿物含量线性关系较强的波段，进行比值导数法处理后，这些波段的比值导数光谱值就会与某种矿物的丰度含量相关性更高，利用式(4.5)计算得到的丰度反演结果更准确。在本实验中矿物实际丰度已知,因此计算反演得到的丰度与实际丰度之间的误差,就可以得到强线性波段。计算各波段求解出的丰度与实际丰度的均方根误差,按照从低到高进行排序,得到解混精度最高的20个波段,如表4.3所示。

表4.3 石膏与绿帘石混合物提取出的强线性波段

石膏			绿帘石		
排名	波长/nm	均方根误差	排名	波长/nm	均方根误差
1	1 437	0.008 25	1	1 738	0.015 15
2	1 436	0.008 69	2	1 739	0.015 49
3	1 438	0.009 04	3	1 857	0.016 27
4	1 739	0.010 01	4	1 434	0.016 44
5	1 738	0.010 26	5	1 737	0.017 01
6	1 435	0.010 73	6	1 740	0.017 12
7	1 439	0.010 93	7	1 433	0.017 27
8	1 740	0.011 12	8	1 736	0.017 57
9	1 741	0.011 17	9	1 741	0.017 61
10	1 445	0.011 50	10	1 435	0.017 74
11	1 857	0.012 23	11	1 432	0.018 32
12	2 354	0.012 30	12	1 856	0.018 38
13	1 774	0.013 15	13	1 436	0.018 59
14	1 856	0.013 24	14	1 858	0.019 19
15	1 434	0.013 31	15	1 735	0.019 65
16	1 444	0.013 36	16	1 742	0.019 88
17	1 440	0.013 37	17	1 864	0.020 13
18	1 737	0.013 57	18	1 437	0.020 54
19	1 441	0.013 58	19	1 855	0.020 59
20	1 442	0.013 85	20	1 494	0.020 60

4.3.3 矿物粉末光谱强线性波段特征分析

在比值导数光谱法处理过程中,混合物中的两种端元光谱均有参与,所以强线性波段是由两种端元物质共同决定的,与两者的反射率光谱息息相关。综合分析表4.3发现,石膏强线性波段集中在1 435～1 445 nm和1 735～1 745 nm;而绿帘石强线性波段集中在 1 432～1 437 nm、1 500～1 510 nm 和 1 735～1 740 nm。为了更直观地分析提取出的强线性波段分布有何规律，将这些波段分别在原始光谱、比值光谱、比值导数光谱上标记显示，并分别进行分析。

在原始光谱中，如图 4.4 所示，石膏和绿帘石的强线性波段集中在两种矿物的特征吸收谷附近。例如，1 432～1 445 nm 位于石膏 1 449 nm 水吸收特征谷的左侧，1 500～1 510 nm 位于石膏 1 490 nm 水特征吸收谷的右侧，1 735～1 745 nm 位于石膏 1 750 nm 硫酸盐典型吸收特征的左侧，2 354 nm 位于绿帘石 2 335～2 342 nm诊断性吸收特征的右侧。

在比值光谱中，如图 4.5 所示，石膏和绿帘石的强线性波段大多集中在比值为 1 的基线附近。与原始光谱比照发现，强线性波段位于两条矿物光谱曲线交点附近。光谱曲线相交是由于两种矿物光谱的变化趋势不一致导致的，所以交点附近两种矿物的变化趋势有差异，导数光谱差异较为明显，区分度较高，因此采用比值导数法可以获得较高的解混精度。

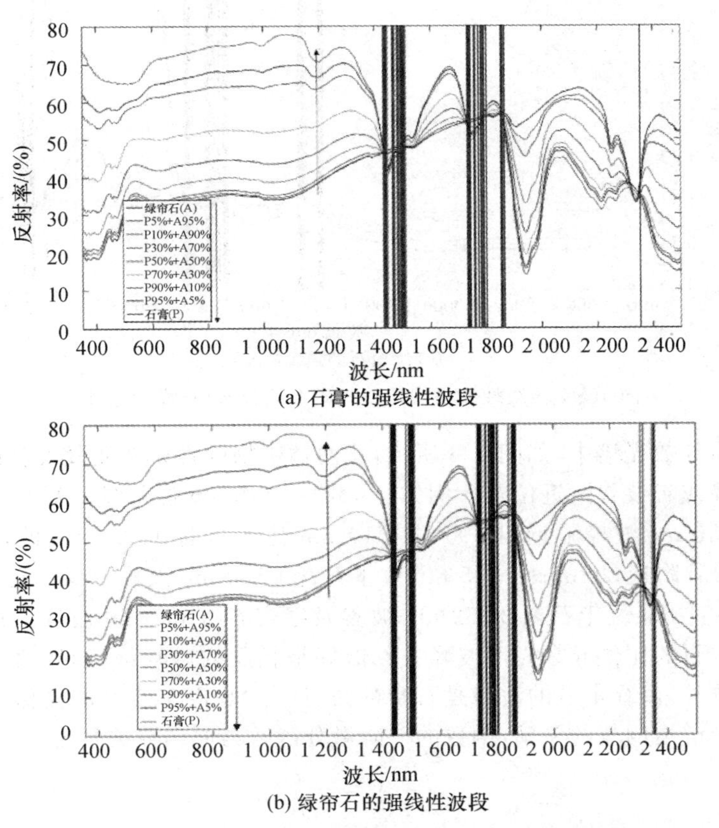

(a) 石膏的强线性波段

(b) 绿帘石的强线性波段

图 4.4　强线性波段在原始光谱上的分布(竖线标记处)

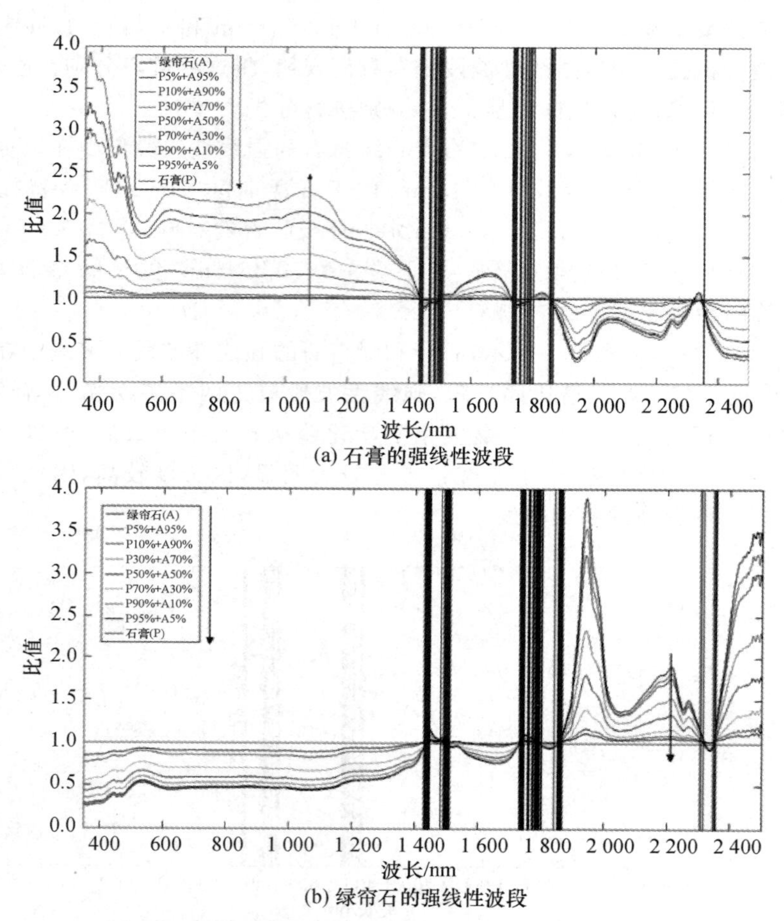

(a) 石膏的强线性波段

(b) 绿帘石的强线性波段

图 4.5　强线性波段在比值光谱上的分布(竖线标记处)

在比值导数光谱中,如图 4.6 所示,这两种矿物的强线性波段大多位于比值导数光谱波峰或者波谷附近位置。例如,1 432～1 445 nm 位于绿帘石 1 436 nm 波谷及石膏 1 436 nm 波峰附近,1 500～1 510 nm 位于石膏 1 500 nm 波峰及绿帘石 1 500 nm波谷附近,1 735～1 745 nm 位于石膏 1 730 nm 波峰及绿帘石1 730 nm波谷附近,2 354 nm 位于石膏 2 352 nm 波谷及绿帘石 2 352 nm 波峰附近。很明显石膏和绿帘石的比值导数光谱波峰波谷恰好是相反的,即石膏的比值导数波峰是绿帘石的波谷,而绿帘石的波峰是石膏的波谷。这是由于石膏的比值光谱与绿帘石的比值光谱是倒数的关系,倒数的一阶微分函数与原函数关系为

$$\left(\frac{1}{f}\right)'=-\frac{f'}{f^2} \tag{4.6}$$

式中,f 为原函数,f'为原函数的导数,$\left(\frac{1}{f}\right)'$为原函数倒数的一阶导数。可以看出,倒

数的一阶微分与原函数一阶微分的符号相反，而值的大小与原函数一阶微分呈正相关。因此，石膏的比值导数光谱与绿帘石的比值导数光谱符号相反，且极值点位置相同。

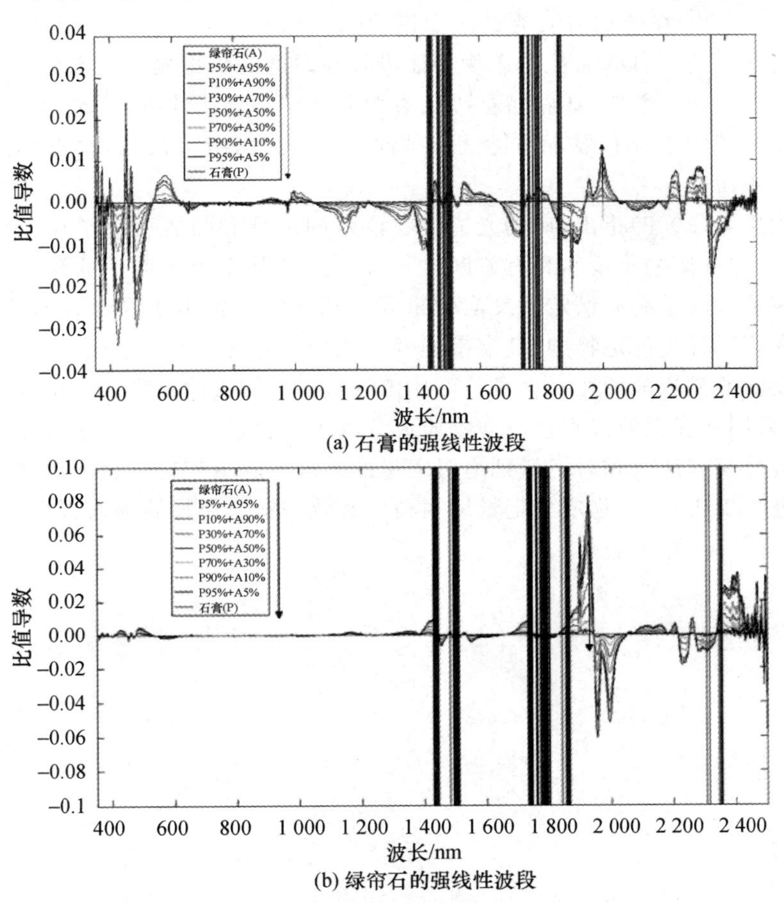

图 4.6　强线性波段在比值导数光谱上的分布(竖线标记处)

石膏与绿帘石的强线性波段区间的光谱特征总结如表 4.4 所示。

表 4.4　石膏与绿帘石粉末混合物的强线性波段特征

强线性波段范围/nm		原始光谱特征		比值光谱特征		比值导数光谱特征	
		石膏	绿帘石	石膏	绿帘石	石膏	绿帘石
石膏	1 435～1 445	吸收谷附近	平缓	陡降	陡增	谷底，正值	波峰，正值
	1 735～1 745	吸收谷附近	平缓	稳增	稳降	增加，负值	下降，正值
绿帘石	1 430～1 435	陡降	平缓	陡降	陡增	波谷，负值	波峰，正值
	1 500～1 510	稳升	平缓	稳增	稳降	波峰，正值	波谷，负值
	1 735～1 740	稳降	平缓	稳降	稳增	稳增，负值	稳降，正值

综合以上分析结果，在矿物特征吸收谷附近的反射率陡坡位置，强线性波段分布最为集中，该位置在比值导数光谱中对应的是特征吸收谷两侧的波峰和波谷，而Salinas等(1990)在药物溶液透过率光谱比值导数法分析研究中所采用的波段也恰好满足这一要求；同时，位于矿物特征吸收谷附近的矿物端元光谱交点也有较多强线性波段分布。总之，矿物特征吸收谷两侧是矿物强线性波段较为集中的区域。由于采用的矿物组合有限，不同类别矿物混合其强线性波段是否具有相同特征仍有待进一步研究。

王润生等(2009)指出，矿物光谱吸收谱带的出现和强弱反映了相应矿物的存在与相对含量(矿物丰度)，具有诊断性特征。并且基于吸收谱带的深度对物质成分进行定量反演是高光谱定量反演的重要方法之一。但由于混合光谱的影响，同种成分在不同种类的地物中，其谱带强度与成分百分含量的关系也会有所不同，因此一般反演的是成分的相对含量。而比值导数法能够去除混合光谱中其他物质的影响，可采用强线性波段直接反演物质成分的绝对含量，实现了基于吸收谱带物质成分定量反演方法由相对定量到绝对定量的突破。随着矿物混合光谱强线性波段特征的进一步研究，矿物成分定量反演精度和效率将有望得到显著提高。

第5章 基于参考背景光谱去除的矿物吸收特征提取

反射率光谱学研究对象包括固体、液体、气体等，长期以来一直被视为一种定量反演的有效工具(Mustard et al,1999)。许多种物质，尤其是一些矿物，它们的吸收特征对品种或成分有诊断性的作用(Hunt,1980)。这些光谱特征可以用来指示某些物质成分的存在，而这也是利用高光谱遥感进行地物成分识别的基础(Clark et al,1990;Tong et al,2006)。诊断性吸收特征可以用一系列光谱吸收参数来表征，如吸收中心波长、吸收宽度、吸收深度、对称性等。基于这些吸收特征参量，可以对特定物质进行定性识别和定量反演(Clark,1999)。

在提取吸收参量之前，首先需要从原始反射率光谱中提取吸收特征。目前最常用的吸收特征方法就是包络线去除。包络线是吸收特征叠加的背景光谱，可以用无选择性吸收、散射效应、宽波段吸收等作用的数学公式来表达(Gaffey,1976;Huguenin et al,1986)。包络线的光谱特征受到地表物理特性(如颗粒度、粗糙度、纹理等)及化学成分的影响(Mustard et al,1999)。由于其复杂性，实际中难以根据散射特性参量来直接得到包络线，只有基于反射率光谱本身来对包络线进行模拟(Pieters,1983)。通常，包络线是由光谱上方凸点连接而成，包络线去除是通过将原始反射率光谱和包络线相除得到的(Meer,2000)。通过包络线去除，由辐射传输导致的纯净吸收特征将被提取出来。包络线去除光谱不仅便于分辨细小的光谱特征差异，还可以消除斜坡效应的影响，得到更准确的吸收中心波长等光谱特征参量(Clark,1999)。此外，包络线去除能够极大地消除地形和光照等因素对于光谱强度和吸收特征深度的影响(Yan et al,2010)。在地质光谱研究中，包络线去除已经被广泛地用于地球、月球、火星等不同领域(Kruse,1988;Lucey et al,1995;Lucey et al,1998;Pelkey et al,2007)。包络线去除还在生态和植被研究中有着重要应用，包括叶片生化参量反演(Curran et al,2001;Broge et al,2002)、城市植被覆盖度估计(Small,2001)、植被类型识别(Schmidt et al,2003)等。

研究表明，吸收特征范围内反射率光谱的最小值位置随着成分含量呈非线性变化(Singer,1981;Ben-Dor et al,2006)。这说明当某一波段区间包含多个吸收特征因子时，吸收中心波长会受这些因子综合作用的影响而形成较复杂的变化。在提取某一吸收因子的吸收中心波长时，其他干扰因子的影响需要先被排除。然而，通常所用的包络线去除法并不能够直接提取出由某一特定因子导致的吸收特征，而只能提取出波段范围内各个特征合成的混合特征。在这种情况下，需要有一种算法能够剥离干扰因子，才可以提取出纯净的目标特征光谱。

在本书中，提出了参考背景光谱去除（reference spectral background removal，RSBR）方法，可以解决上述问题。首先，提出一种方法，该方法能够基于背景成分的参考光谱拟合出目标物的背景光谱；然后，基于这种光谱拟合方法，建立一套实现参考背景光谱拟合的技术流程，并应用于矿物粉末混合样本光谱处理；之后，再处理得到的参考背景光谱中去除光谱中提取的吸收中心波长、吸收宽度、吸收深度等光谱参量，并与包络线去除光谱的提取结果进行精度比较；最后，对该方法的效果与本书得到的结论进行汇总。

§5.1　背景光谱去除机理

吸收特征可以看作是在叠加一定背景光谱的基础上形成的，而最常用的背景光谱就是包络线。在这种情形下，反射率光谱曲线可以看作是一个个单独吸收特征叠加在包络线这一背景上形成的。当辐射能量在固体粒子中传输时，辐射能量的变化符合比尔定律（Meer，2000），即

$$I=I_0\exp(-kd) \tag{5.1}$$

式中，I_0 是初始能量，I 是穿透后的能量，k 是吸收因子，d 是光学路径长度。如果 m 是光子在反射表面传输过程中穿透的颗粒个数平均值，那么

$$d=2mD \tag{5.2}$$

式中，D 是反射率表面粒子的平均半径。

能量在不同物质当中传输导致的吸收过程可以用平均光学路径长度（mean optical path length，MOPL）来建模，即

$$I=I_0\exp\left(-\sum_{i=1}^{n}k_i d_i\right) \tag{5.3}$$

$$d_i=2m_i D_i \tag{5.4}$$

式(5.3)和式(5.4)可以表述多种矿物颗粒物紧致混合的情形。式中，k_i 和 d_i 是第 i 种物质的吸收因子和平均光学路径长度，D_i 是第 i 种物质的平均半径，m_i 是光子在传输过程中经过第 i 种物质颗粒的平均个数。如果不考虑透明物质表面的一次菲涅耳反射效应，那么反射率可以表示为

$$r(\lambda)=I/I_0=\exp\left(-\sum_{i=1}^{n}k_i d_i\right) \tag{5.5}$$

式中，λ 是波长，$r(\lambda)$是混合光谱反射率。当将某局部波段范围吸收特征设为目标时，那么该目标吸收特征的作用可以表示为

$$r_{\text{interest}}(\lambda)=\exp(-k_1 d_1) \tag{5.6}$$

式中，$r_{\text{interest}}(\lambda)$是仅考虑该目标吸收特征作用下导致的光能反射率，$k_1$ 和 d_1 是该吸收作用的等效吸收因子和平均光学路径长度。同理，在该波段范围内其他所有

导致反射能量衰减的作用也就可以表示为

$$r_c(\lambda) = \exp\left(-\sum_{i=2}^{n-1} k_i d_i\right) \tag{5.7}$$

联立式(5.5)、式(5.6)和式(5.7)，可以得到

$$r_{\text{interest}}(\lambda) = r(\lambda)/r_c(\lambda) \tag{5.8}$$

根据本节初的假设，即如果反射率光谱曲线可以看作是吸收特征叠加在背景光谱上形成的，那么容易得知 $r_c(\lambda)$ 就是该背景光谱，也就是通常所说的包络线。

在遥感实际应用中，某种物质成分的吸收因子和平均光学路径长度是很难获取的，所以 $r_{\text{interest}}(\lambda)$ 难以通过式(5.6)直接计算得到。而一种解决的方法是基于反射率光谱尝试提取出背景光谱，再利用式(5.8)去除背景作用，得到目标吸收特征光谱。这就是包络线去除的基本思路。

正如上面所示，当对反射率光谱进行包络线去除时，采用的是除法。由式(5.6)可以知道，目标吸收特征的强度是由该吸收物质的吸收因子和平均光学路径长度决定的。对于某确定吸收特征目标，吸收因子是常数，那么此时混合光谱中该吸收特征的强度就是由该成分的平均光学路径长度决定。由式(5.4)可以知道，平均光学路径长度是由颗粒半径和穿过的颗粒个数决定的。当各种混合物成分的平均颗粒大小且颗粒大小统计分布基本相同时，颗粒半径对于平均光学路径长度的影响被抵消了。在这种情况下，光子在传输过程中遇到的不同物质的颗粒个数，与该物质在混合物当中的比例是呈线性相关的。总而言之，联立式(5.4)和式(5.6)可以得知吸收特征反射光谱与吸收物质成分含量的指数幂线性相关。为了确保吸收特征强度和吸收物质成分含量直接线性相关，从而利用吸收深度反演物质成分含量，需要对反射率光谱进行自然对数处理。对原始混合光谱和包络线光谱同时进行自然对数处理，可以得到

$$N(\lambda) = -\sum_{i=1}^{n} k_i d_i \tag{5.9}$$

$$N_c(\lambda) = -\sum_{i=2}^{n-1} k_i d_i \tag{5.10}$$

式中，N 代表自然对数反射率光谱，N_c 表示自然对数背景光谱。联立式(5.8)、式(5.9)和式(5.10)，可以得到自然对数吸收特征光谱 $N_{\text{interest}}(\lambda)$

$$N_{\text{interest}}(\lambda) = N(\lambda) - N_c(\lambda) = -k_1 d_1 \tag{5.11}$$

基于式(5.11)可知，自然对数吸收特征强度是与目标吸收物成分含量直接线性相关的，并且自然对数光谱包络线去除是通过减法获得，这也与之前研究论述完全一致(Clark et al, 1984)。

§5.2 参考背景光谱去除算法

5.2.1 一种新的背景光谱拟合算法

在矿物光谱分析中，诊断性吸收特征有着非常重要的意义(Clark et al,2003)。当研究目标有某一特定的吸收特征时，首先需要选择合适的波段范围进行分析(Meer,2000)。在本书中，吸收特征波段范围是距离吸收谷两侧最邻近的肩部以内。在后面章节内容中，如果出现对吸收波段进行局部处理，其波段范围均由上述方法确定。

以包络线去除为代表，背景光谱去除算法的核心就是获得光子在颗粒内部传输时所带来的能量损耗。简单来讲，包络线去除算法可以分为三个主要步骤：第一，从反射率光谱提取上凸的拐点作为包络线拟合的节点；第二，在选定的节点间利用线性或非线性插值方法得到包络线波形；第三，进行包络线去除处理。参考背景光谱去除算法与包络线去除算法的实质区别在于第二步，即在拟合背景光谱时将真实背景物成分的光谱引入，而不是简单基于数学函数进行插值获取，所以具备更强的物理含义。因此，在进行第三步背景光谱去除后，背景物的影响被消除，从而可以获取更加纯净的目标物吸收特征。

正如前面所述，吸收特征是叠加在背景光谱的波形之上的。在参考背景光谱去除算法的背景光谱中，不仅包含了非内部传输能量散耗，还包含了背景物内部传输能量散耗。对于纯矿物来讲，背景光谱仅与该纯净物光谱有关。在这种情况下，包络线能够很好地承担背景光谱的任务。而对于矿物混合物来讲，其光谱是不同组分光谱的混合结果(Johnson et al,1983;Mustard et al,1998)。在这种情况下，使用包络线去除提取出来的吸收特征实质上是不同组分吸收特征的混合，仅仅是去除了非内部传输能量散耗。如果能够将背景物的波形引入背景光谱的拟合中，就可以通过背景光谱去除得到纯净目标吸收特征光谱。

为了实现将参考背景光谱拟合成背景光谱，需要一种方法：在节点间隔形成的一个个波段范围内，将参考背景光谱拟合到波段范围两端节点并相重合，同时保持波形特征不变。在之前的研究中，还没有能够实现这一目标的方法出现。容易知道，反射率光谱是位于二维平面直角坐标系内，且以波长为 x 轴，反射率值为 y 轴。通过对 y 轴的平移，可以实现原始光谱和参考背景光谱一端节点的重合，但是在另一端节点仍然是分离状态。为了解决这一难题，本书提出了将光谱波形进行拉伸和旋转的设想，而这些处理在极坐标系中更容易实现。因此，基于坐标系转换处理，本书提出了一种方法来实现波段范围内参考背景光谱的拟合。

定义 $r_B(\lambda)$ 是背景物反射率光谱，$r_T(\lambda)$ 是要进行背景光谱去除处理的目标光谱，如图 5.1(a)所示。任意波段范围两节点之间的背景光谱拟合算法流程如下。

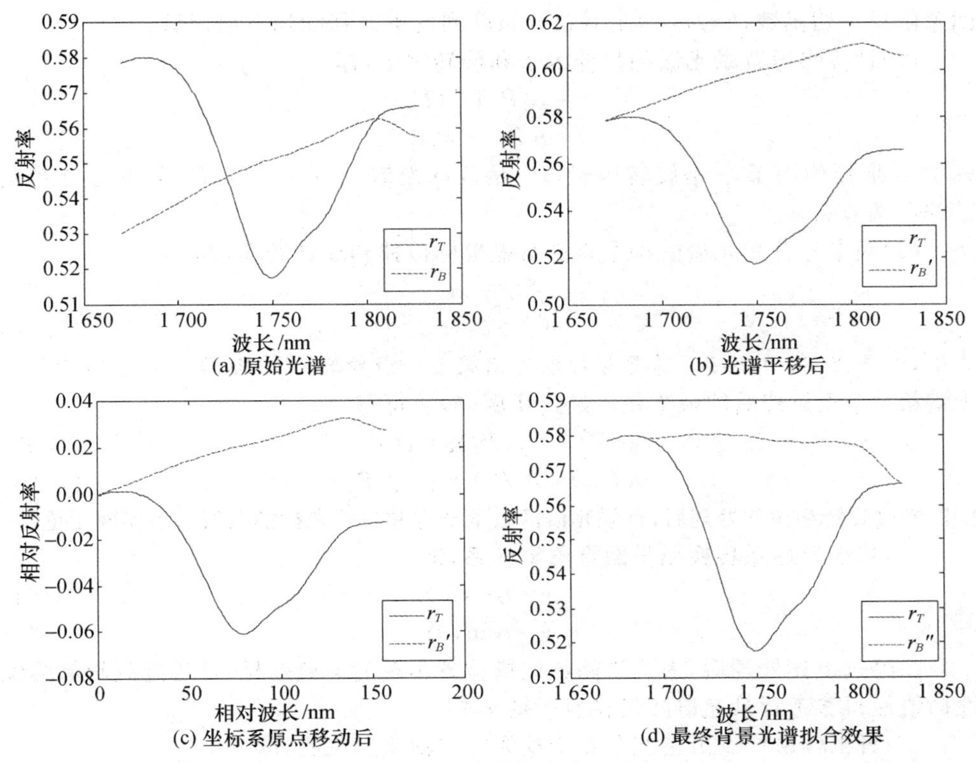

图 5.1　背景光谱拟合流程示意

(1)计算目标光谱和参考背景光谱左端节点的反射率差值,并在 y 轴对参考目标光谱整体平移,则有

$$\delta = r_T(\lambda_S) - r_B(\lambda_S) \tag{5.12}$$

$$r'_B(\lambda) = r_B(\lambda) + \delta \tag{5.13}$$

式中,δ 是左端节点的差值,λ_S 是吸收特征的左端节点波长,$r'_B(\lambda)$是平移后的参考背景光谱,如图 5.1(b)所示。经过步骤(1),参考背景光谱和目标光谱的左端节点重合。

(2)将坐标系原点转换到左端节点 $P_S(\lambda_S, r_T(\lambda_S))$,即

$$x' = x - \lambda_S \tag{5.14}$$

$$y' = y - r_T(\lambda_S) \tag{5.15}$$

结果如图 5.1(c)所示。

(3)将平面直角坐标系转换为极坐标系,其中左端节点为极坐标系原点,x 轴方向为极轴方向,即

$$\theta = arctan2(y', x') \tag{5.16}$$

$$\rho = hypot(x', y') \tag{5.17}$$

式中,θ 是极角,ρ 是极半径,$arctan2(\ )$是 MATLAB 程序当中的联合分布阵列的

四象限反正切函数，$hypot(\ )$是联合分布阵列的平方和的均方根函数。

(4)计算参考背景光谱的拉伸因子和旋转因子，即

$$\alpha=\rho(P_1)/\rho(P_2) \tag{5.18}$$

$$\beta=\theta(P_1)-\theta(P_2) \tag{5.19}$$

式中，α 是拉伸因子，β 是旋转因子，P_1 是目标光谱的右端节点，P_2 是参考背景光谱的右端节点。

(5)对参考背景光谱的每个点进行极坐标拉伸和旋转处理，即

$$\rho'_{Bi}=\alpha\rho_{Bi} \tag{5.20}$$

$$\theta'_{Bi}=\theta_{Bi}+\beta \tag{5.21}$$

式中，$i=1、2、3、\cdots、n$，θ'_{Bi}是参考背景光谱第 i 个点旋转后的极角，ρ'_{Bi}是参考背景光谱第 i 个点拉伸后的极半径。经过步骤(5)后可得

$$\rho(P''_2)=\rho(P_2)\alpha=\rho(P_1) \tag{5.22}$$

$$\theta(P''_2)=\theta(P_2)+\beta=\theta(P_1) \tag{5.23}$$

所以经过旋转和拉伸处理后，背景光谱的右端节点和目标光谱的右端节点实现了重合。

(6)将极坐标系转换回平面直角坐标系，即

$$x=\rho\cos(\theta) \tag{5.24}$$

$$y=\rho\sin(\theta) \tag{5.25}$$

在经过上述处理后，为了消除各波段位置出现的细微差异，可通过最简单的线性插值使得参考背景光谱波长位置保持不变。

(7)将坐标系原点由左端节点变换为原来的原点位置，即

$$x=x'+\lambda_S \tag{5.26}$$

$$y=y'+r_T(\lambda_S) \tag{5.27}$$

此外，为了满足背景光谱在各波段取值不应低于目标光谱的要求，将经过处理后的背景光谱不满足要求的点，取值修改为与目标光谱相同。参考光谱最终拟合的结果如图 5.1(d)所示。

为了证明以上光谱拟合方法能够保持光谱波形，将一条混合光谱(石膏和绿帘石各占 50%，如图 5.2 中虚线所示)作为参考背景光谱进行了一系列模拟实验。在步骤(2)后，需要设定的参数实际上就是目标光谱右端节点的 y 轴坐标。通过光谱拟合算法后续步骤的处理，可以实现将参考背景光谱右端节点 y 轴坐标变换到与该参数相同，且保持波形和连续性。在模拟实验中，设定 y 轴坐标目标值从 5%到 95%阶梯变化，从而包含了现实当中所能发生的几乎所有情况。对混合光谱进行拟合处理后，可以看到成功生成了多条符合要求的背景光谱拟合结果，如图 5.2中各条光谱所示。为了更好地展现这些拟合结果波形的一致性，图 5.3还展示了这些背景光谱拟合结果，以及原始混合光谱的包络线去除光谱。可以看到，各条包络线去除光谱的差异主要在于吸收深度的不同，参考光谱的波形特征被完好保留。这一结果证明了该背景光谱拟合算法的有效性，同时也突破了参考背景光谱去除最重要的技术难点。

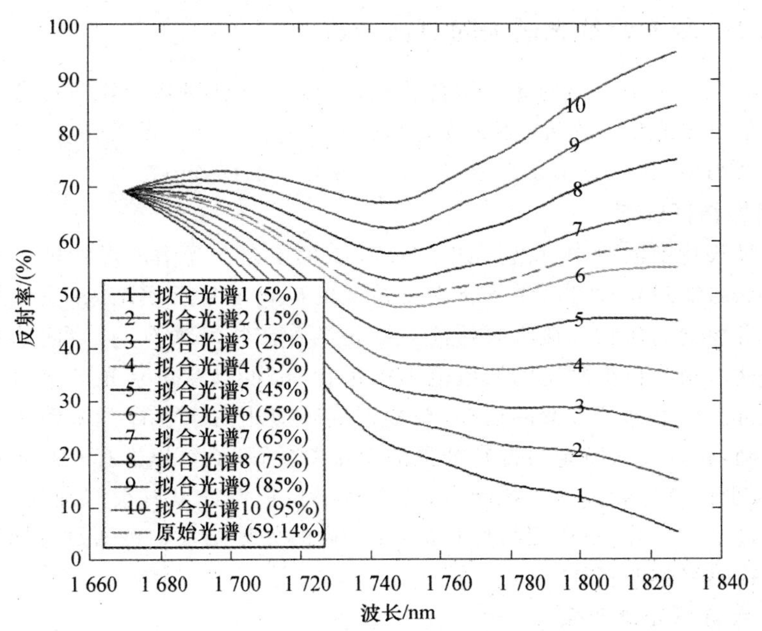

图 5.2　参考背景光谱及背景光谱拟合结果

注：图例括号中是右端节点 y 轴目标值。

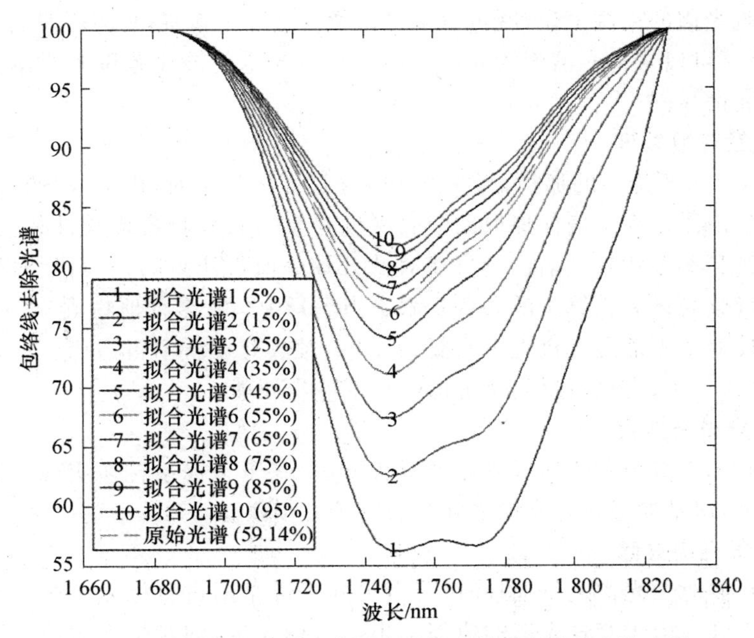

图 5.3　参考背景光谱及背景光谱拟合结果包络线去除光谱

注：图例括号中是右端节点 y 轴目标值。

5.2.2 参考背景光谱去除算法流程

基于5.2.1节中介绍的光谱拟合算法，可以在节点间基于任何参考光谱拟合出所需要的背景光谱。然而，要实现完整的参考背景光谱去除算法流程，还远远不够。在本节当中，将会介绍参考背景光谱去除算法的详细方法。

1. 目标特征选取

在强吸收特征波段中，反射光中的传输能量损失在光谱波形特征中起主导性作用(Pieters，1983)。所以，为了有更高精度的矿物定量反演结果，应该选择吸收特征典型且稳定的矿物。该吸收特征应该是某种矿物所独有的，后面的光谱处理既可以在这一吸收特征固定的波段范围内进行，也可以在每条光谱求取节点后自动分段进行。以上处理方案的选择，要根据实际应用需求和目标来确定。如果目标极为明确，就是要对特定目标特征提取定量参数，那么可以选择在特定波段区间内处理，减少计算量和其他干扰因素；如果对于目标特征没有很明确的需求，甚至也可以略过这一步骤，不设定目标特征，在最后的处理结果中再通过目标探测或光谱匹配寻找感兴趣的特征。

2. 参考背景光谱选择

参考背景光谱的设定是该算法区别于传统包络线去除算法的一大特点。参考背景光谱选择应该依据研究区的先验知识或者特定的研究目标而设定，没有固定的模式。就光谱的来源来说，既可以来自影像的某一个像素，也可以来自端元提取的纯光谱，还可以来自光谱库的光谱。参考背景光谱的波段范围和光谱分辨率需要与目标光谱相同。

3. 自然对数处理

正如§5.1所论述的那样，当光能传输穿过固体粒子时，由吸收导致的能量消耗符合比尔定律。为了确保提取的吸收深度参量与目标物含量线性相关，需要先对目标光谱和参考背景光谱进行自然对数处理。值得注意的是，自然对数处理并不是参考背景光谱去除算法的必备步骤。当场景中包含多种地物成分(如植被、水体等)时，反射率光谱混合机理更为复杂，自然对数处理就不再适用。在这种情况下，应省略这一步，直接对反射率光谱进行下一步处理。

4. 背景光谱拟合

依照5.2.1节中介绍的背景光谱拟合方法，基于坐标系转换实现节点间背景光谱的拟合，这是参考背景光谱去除算法的核心步骤。

5. 背景光谱去除

当对自然对数光谱进行处理时，背景去除光谱是通过目标光谱减去拟合出的背景光谱得到。由于背景光谱的值都不小于目标光谱，即背景光谱位于目标光谱上部，所以背景去除得到的光谱值不会大于0。当对反射率光谱进行处理时，背景去除光谱是通过目标光谱除以背景光谱得到。

参考背景光谱去除算法的整体流程如图 5.4 所示。通过背景参考光谱去除处理，剥离掉无效的背景信息，纯净的目标吸收特征被提取出来。基于最终得到的背景去除光谱，可以计算出吸收中心波长、吸收深度、吸收宽度等多种吸收参量。

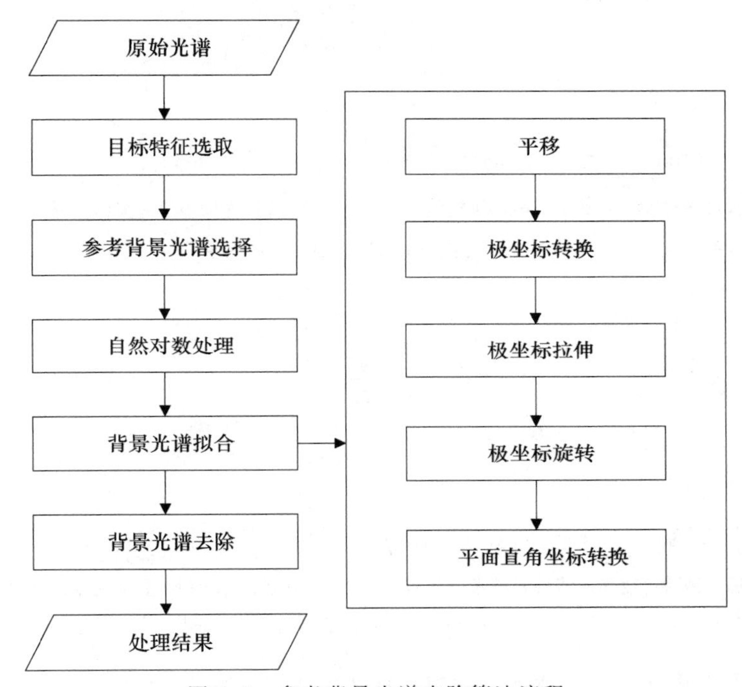

图 5.4　参考背景光谱去除算法流程

5.2.3　噪声对参考背景光谱去除算法精度的影响

在遥感数据处理中，噪声是不得不考虑的一个因素。尤其是卫星高光谱数据，由于能量有限，每个波段在分光之后能量都已变弱，再加上大气等因素的影响，数据往往信噪比偏低。毫无疑问，噪声会对吸收中心波长、吸收深度等吸收特征参量的精细提取产生很大影响。分别考虑背景光谱和目标光谱噪声因素，可以将背景光谱去除分为四种情况：①背景光谱和目标光谱噪声都比较弱；②背景光谱噪声较强而目标光谱噪声较弱；③目标光谱噪声较强而背景光谱噪声较弱；④目标光谱和背景光谱噪声都比较强。这四种情况的示意如图 5.5 所示。对于情况①，噪声因素影响较小，不用考虑。对于情况②和③，噪声较强的光谱需要先进行去噪处理，然后再进行背景光谱去除。情况④较为复杂，由于目标光谱和背景光谱的噪声类型可能不同，需要采用不同的去噪方式进行预处理，然后再进行背景光谱去除处理。

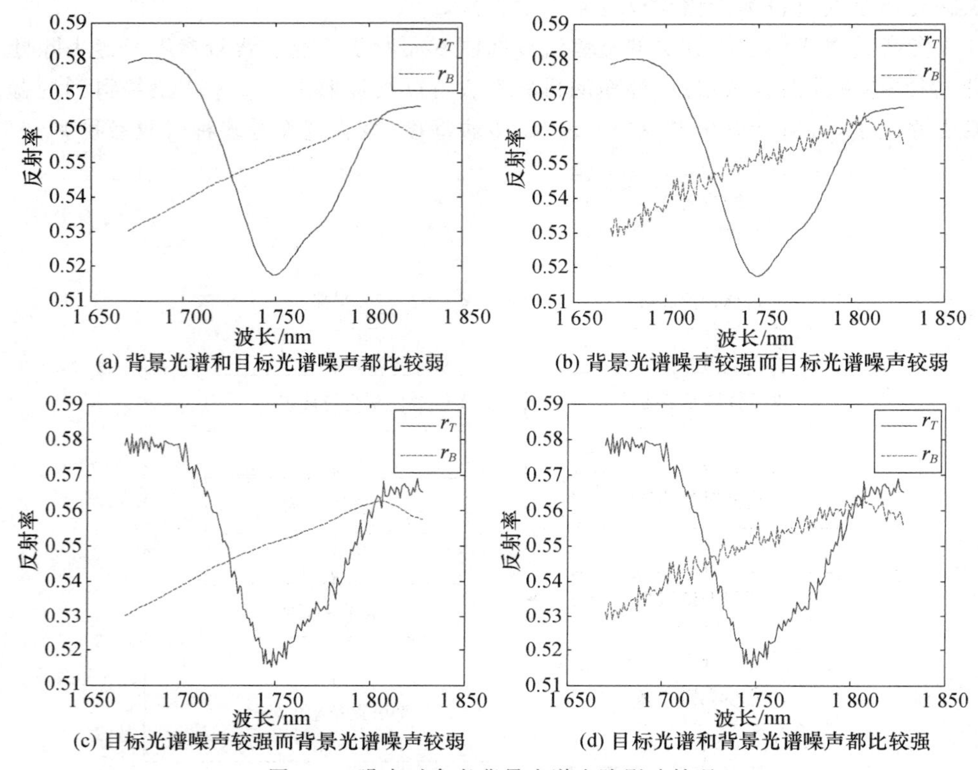

(a) 背景光谱和目标光谱噪声都比较弱
(b) 背景光谱噪声较强而目标光谱噪声较弱
(c) 目标光谱噪声较强而背景光谱噪声较弱
(d) 目标光谱和背景光谱噪声都比较强

图 5.5 噪声对参考背景光谱去除影响情况

下面仅以较为常见的情况③为例，采用石膏和绿帘石粉末混合物光谱来进行效果展示。对石膏和绿帘石的矿物粉末混合物光谱分别添加信噪化(SNR)为 30 的高斯白噪声，如图 5.6 所示(彩图见文后)。可以看出，当添加 $SNR=30$ 的高斯白噪声后，矿物粉末混合光谱波形整体趋势仍可辨别，但已经受到很大干扰，局部有比较剧烈的抖动。

假设石膏为目标物，绿帘石为干扰物。由于纯净物光谱往往来自地面实际光谱采样或光谱库，所以这两条端元光谱并未添加噪声。对混合光谱进行参考背景光谱去除(RSBR)处理和包络线去除(CR)处理，得到结果如图 5.7 所示(彩图见文后)。可以看出，噪声对于 RSBR 和 CR 的处理结果都有较大影响，它们的结果在局部都有比较剧烈的抖动，这对波形和吸收特征参量的提取将会产生较大影响。

光谱平滑是比较常用的光谱去噪方法。为了验证光谱平滑能否提高添加噪声的混合光谱数据处理效果，尝试对添加噪声的混合光谱数据进行窗口宽度为 5 的平滑处理，结果如图 5.8 所示。经过光谱平滑后，虽然光谱仍有较明显的抖动，但噪声已经在很大程度上被去除。对平滑后的光谱进行背景去除处理，结果如图 5.9 所示。

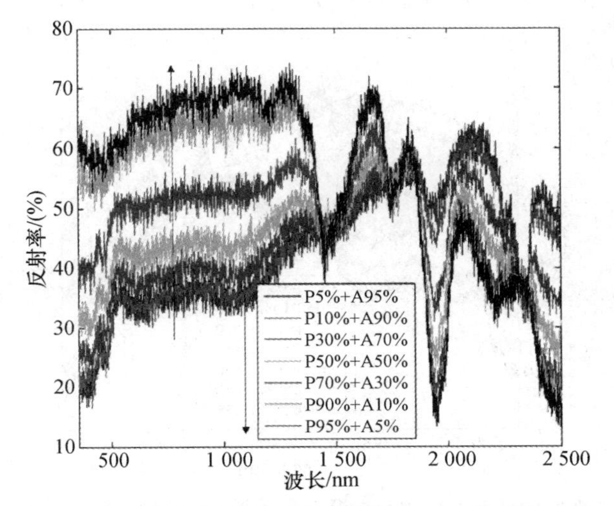

图 5.6　添加高斯白噪声的矿物粉末混合光谱（$SNR=30$）

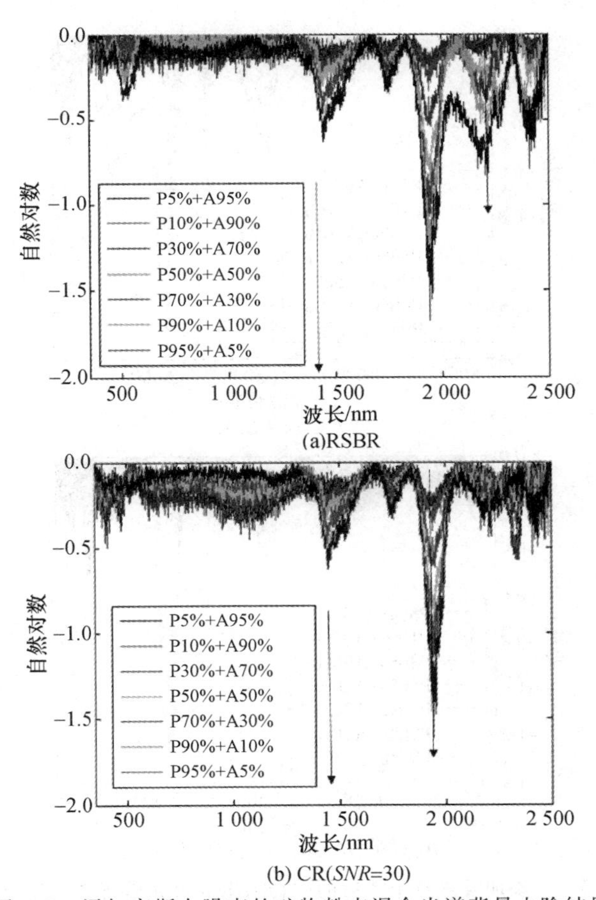

图 5.7　添加高斯白噪声的矿物粉末混合光谱背景去除结果

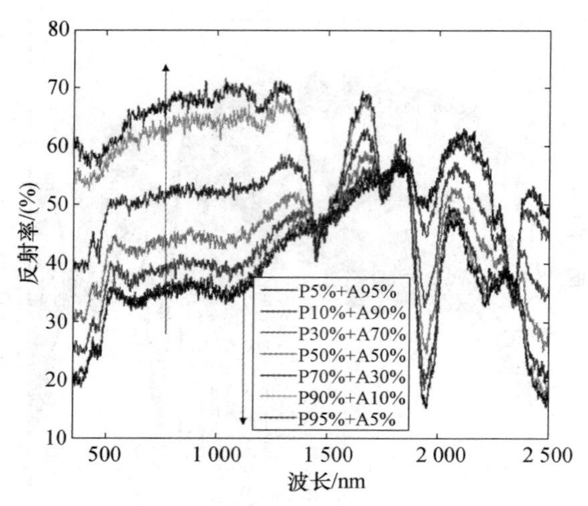

图 5.8　添加高斯白噪声的矿物粉末混合光谱平滑结果($SNR=30$,平滑窗口为 5)

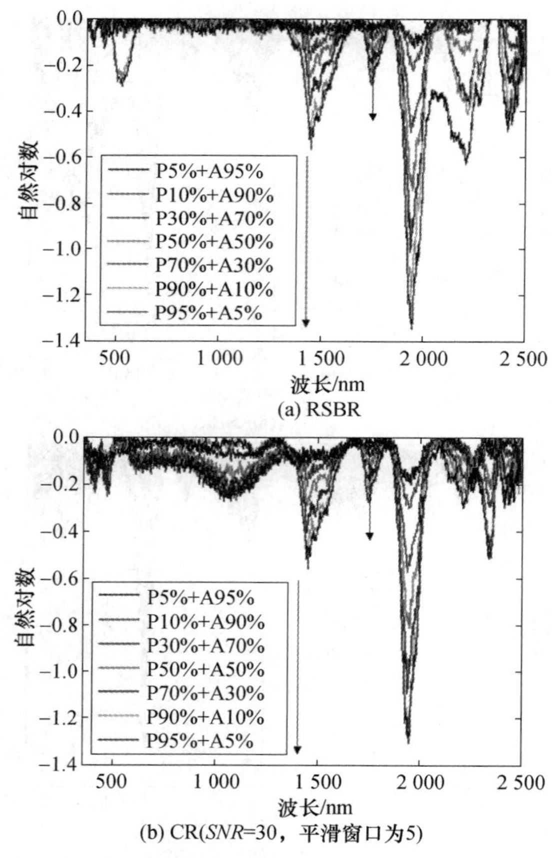

图 5.9　添加噪声且平滑后的矿物粉末混合光谱背景去除结果

经过平滑后的混合光谱处理效果得到很大提升，RSBR 在吸收特征波形和参量精细提取的优势又得以显现。综上所述，背景光谱去除算法（包括 RSBR 和 CR）都明显受到噪声的影响，且仅通过算法本身无法实现去噪处理。当数据本身具有较强噪声时，为保证吸收特征波形和参量提取效果，需要先对混合光谱数据进行光谱平滑等去噪处理，保证噪声降低到一定程度后，再进行背景光谱去除处理。

§5.3　基于参考背景光谱去除的矿物吸收特征提取

5.3.1　矿物粉末混合光谱数据处理

本节采用的实验数据依然是石膏和绿帘石的粉末混合物光谱，如表 3.1 所示。石膏在 1 750 nm 处的诊断性吸收特征被设定为目标特征进行提取，波段范围是 1 670～1 828 nm。对应着，绿帘石光谱被设定为参考背景光谱。纯净矿物和混合物在该波段范围内的自然对数光谱如图 5.10 所示。

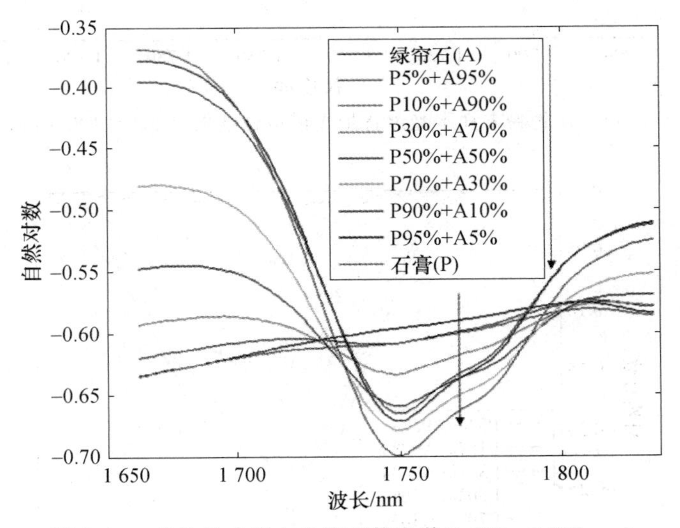

图 5.10　矿物粉末样本自然对数光谱（1 670～1 828 nm）

从图 5.10 中可以看到，绿帘石在这一波段范围内不具有典型特征，但仍有可以识别出的细微特征。基于绿帘石光谱进行石膏纯净光谱和混合物光谱的背景光谱拟合，得到的结果如图 5.11 所示。

从图 5.11 中可以看出，每条混合物光谱都得到与自身匹配的背景光谱，而这些背景光谱都保留着绿帘石的基本波形特征。之后进行处理的最后一步，即背景去除处理，结果如图 5.12 所示。

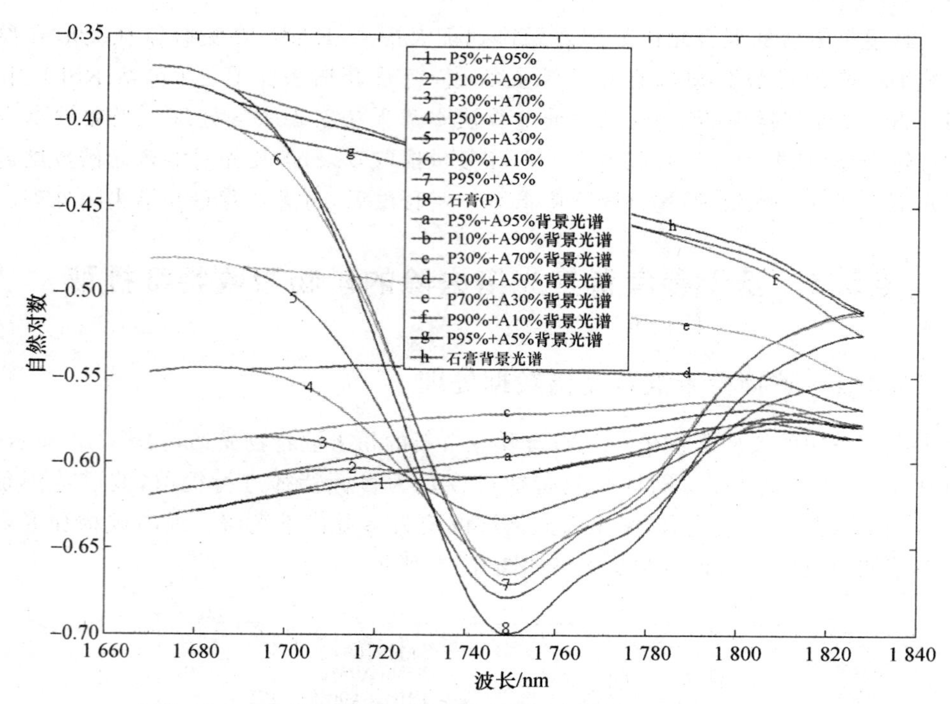

图 5.11 矿物粉末样本光谱背景光谱拟合结果(1 670～1 828 nm)

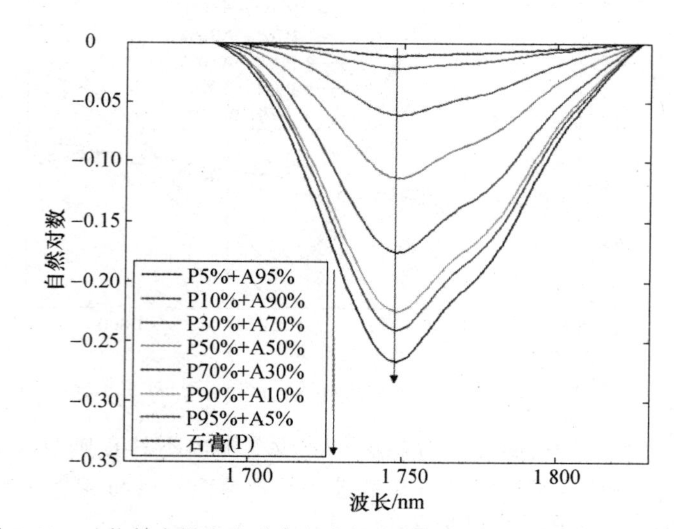

图 5.12 矿物粉末样本光谱参考背景光谱去除结果(1 670～1 828 nm)

当目标特征并没有预先定义,参考背景光谱去除算法还可以在全波段范围内节点间逐段进行,每条光谱的节点由上凸拐点组成。矿物粉末全波段光谱的参考背景光谱去除结果和包络线去除结果分别如图 5.13 和图 5.14 所示。通过对比可以发现,参考背景光谱去除算法有效去除了背景物,即绿帘石的影响,得到了纯净的石膏吸收特征;而包络线去除得到的是石膏和绿帘石吸收特征的混合结果。在下一小节中,将基于背景光谱去除的结果,进一步提取吸收中心波长等吸收特征参量,从而对参考背景光谱去除算法得到的结果进行更深入的分析和定量评价。此外,为充分验证算法效果,更多的光谱特征将被选作目标特征进行处理。

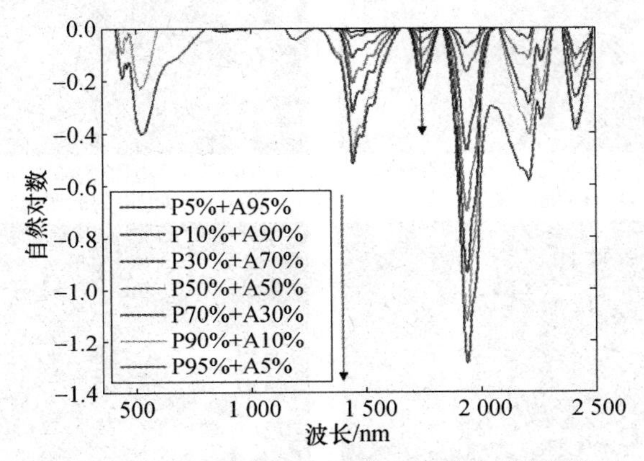

图5.13　矿物粉末样本光谱参考背景光谱去除结果

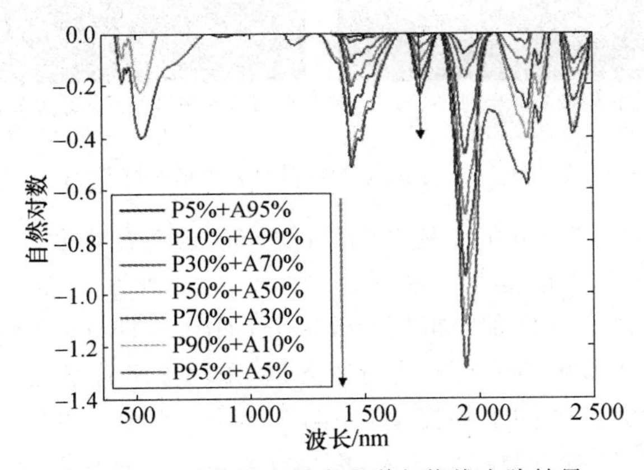

图5.14　矿物粉末样本光谱包络线去除结果

5.3.2　航空高光谱数据处理

本节实验数据仍采用美国内华达州Cuprite地区的AVIRIS反射率数据集。图5.15(a)中展示了该数据2.16 μm波段影像,以及明矾石和高岭石的感兴趣区域。反射率数据集和对应的感兴趣区文件均可以从Exelis公司网站下载*。

* http://www.exelisvis.com。

(a) Cuprite地区影像(2.16 μm)及明矾石和高岭石的感兴趣区

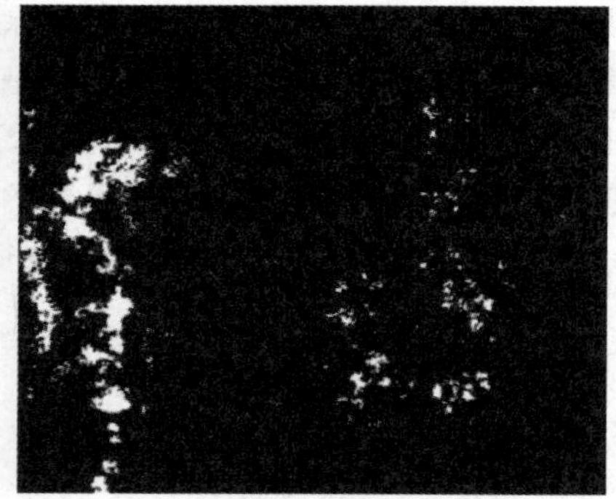
(b) 基于美国地质调查局专业软件(Tetracorder)得到的明矾石分类结果

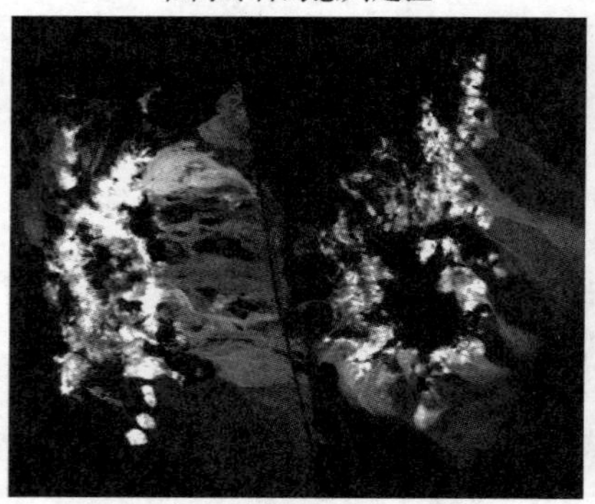
(c) 利用包络线去除得到的2.16 μm吸收深度影像

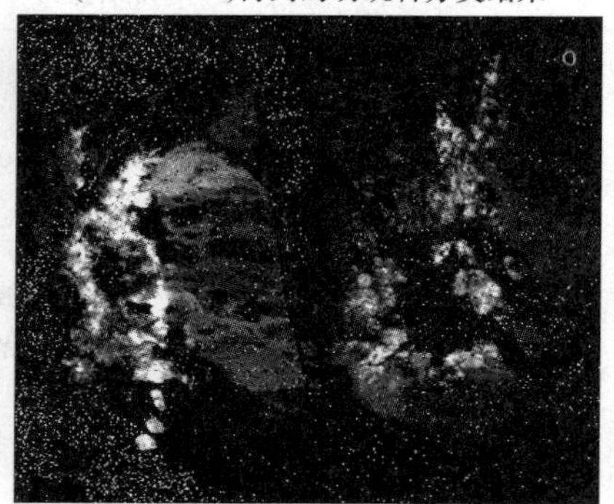
(d) 利用参考背景光谱去除得到的2.16 μm吸收深度影像

图 5.15　航空高光谱数据背景光谱去除处理

明矾石和高岭石在 Cuprite 地区都广泛分布，它们有许多重叠分布，并且在影像中的感兴趣区平均光谱也非常相似，如图 5.16(a)所示。即使经过包络线去除处理后，两者的平均光谱仍难以得到有效区分，如图 5.16(b)所示。若设定明矾石光谱为目标光谱，把高岭石光谱作为背景光谱，采用参考背景光谱去除算法对影像进行处理，得到感兴趣区的平均光谱，如图 5.16(c)所示。可以看出，明矾石区别于高岭石的吸收特征被有效提取出来，而高岭石的特征被消除，处理后的明矾石光谱和高岭石光谱差异非常明显。

与文献(Clark et al,2003)中提取的明矾石分类图作对比，如图 5.15(b)所示，明矾石的分布可以大致通过 2.16μm 典型吸收特征的深度影像来判断。可以看出，包络线去除和参考背景光谱去除得到的结果，分别如图 5.15(c)和图 5.15(d)所示，都与明矾石分类图非常相似。但由于高岭石的影响，包络线去除得到的结果高估了明矾石的存在范围，而参考背景光谱去除可以提取出排除高岭石影响的更精准的明矾石分布。值得注意的是，在图 5.15(d)中有白点出现，这可能是零散分布的明矾石信息，或者是噪声导致的。

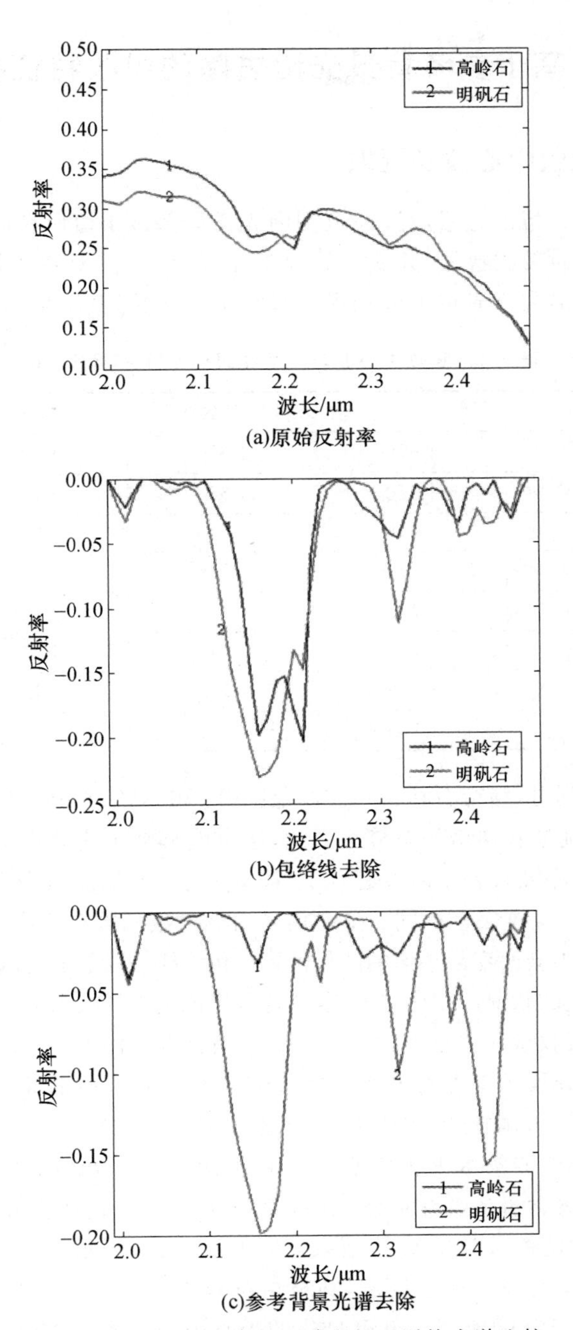

图 5.16　明矾石和高岭石感兴趣区平均光谱比较

§5.4 基于参考背景光谱去除的吸收特征参量提取

5.4.1 吸收中心波长提取

吸收中心波长指的是吸收波段范围内光谱局部最小值所在的波长。选取石膏在1 750 nm附近的吸收特征，并从原始反射率光谱、自然对数光谱、包络线去除光谱和参考背景光谱去除光谱上分别提取吸收中心波长，其结果如表 5.1 所示。

表 5.1 吸收中心波长提取结果(1 670～1 828 nm) 单位：nm

样本名称	原始反射率光谱	自然对数光谱	CR	RSBR
P5%＋A95%	1 670	1 670	1 749	1 748
P10%＋A90%	1 670	1 670	1 748	1 748
P30%＋A70%	1 748	1 748	1 749	1 748
P50%＋A50%	1 749	1 749	1 748	1 748
P70%＋A30%	1 749	1 749	1 748	1 748
P90%＋A10%	1 749	1 749	1 748	1 748
P95%＋A5%	1 749	1 749	1 748	1 748
石膏(P)	1 749	1 749	1 748	1 748

之前已经提到过，绿帘石在这一波段范围(1 670～1 828 nm)内仅有细微特征，并且反射率呈整体随波长递增的态势。因此，这也就解释了为什么当绿帘石含量占绝大多数时，吸收中心波长处于波段起点 1 670 nm 处。原始反射率光谱和自然对数光谱提取的中心波长位置完全相同。这是由于自然对数函数在反射率取值区间内是连续单调函数，所以不会改变最小值的波长位置。包络线去除能够提取出比较好的结果，但是出现了不稳定的状况。相比之下，参考背景光谱去除的结果无疑是最佳的，不同样本提取出的石膏吸收特征中心波长完全一致，没有受混合样本成分含量变化的影响。

为了更加充分展示参考背景光谱去除对重叠吸收特征提取的效果，本书还选取了石膏在 1 535 nm 附近的水吸收特征进行实验，如图 5.17 所示。在这一特征附近，绿帘石也有微弱的水吸收特征。采用包络线去除得到的结果表明，吸收特征中心波长随着石膏含量的变化而变化，这是由于两个重叠特征随着混合物含量比例变化，吸收强度此消彼长造成的结果，如图 5.17(a)所示。然而，参考背景光谱去除算法得到的中心波长非常稳定，甚至在石膏含量只有在 5%时，吸收中心波长仍然精确，如图 5.17(b)所示。准确量化的吸收中心波长提取结果如表 5.2 所示。可以看到，包络线去除和参考背景光谱去除都能够消除斜坡效应的影响，吸收中心波长不是反射率光谱最小值所在的位置，而是吸收导致光谱斜率变化最大的位置。

而就这两者比较来看，参考背景光谱去除算法能够消除背景物干扰得到更准确的目标特征吸收中心波长。

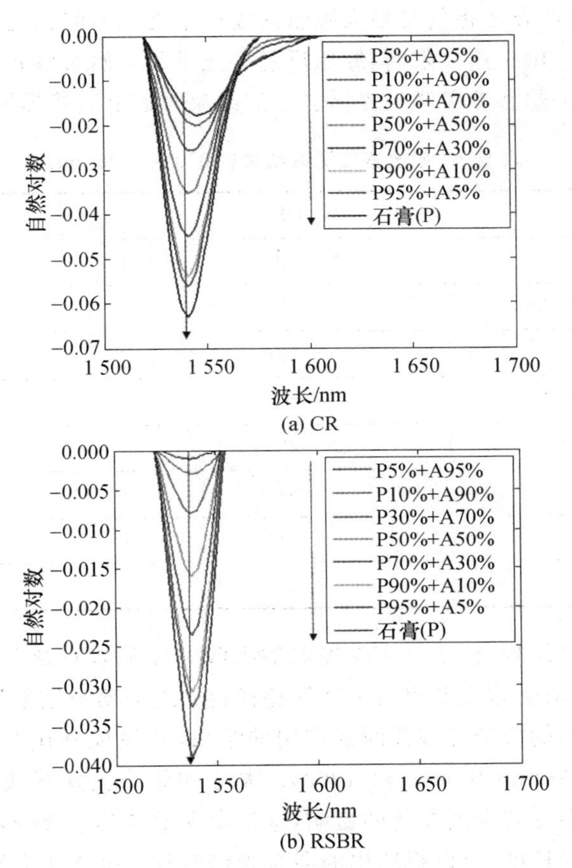

图 5.17　参考背景光谱去除结果(1 520～1 669 nm)

表 5.2　吸收中心波长提取结果(1 520～1 669 nm)　　单位：nm

样本名称	原始反射率光谱	自然对数光谱	CR	RSBR
P5%＋A95%	1 534	1 534	1 545	1 537
P10%＋A90%	1 534	1 534	1 545	1 538
P30%＋A70%	1 534	1 534	1 542	1 538
P50%＋A50%	1 534	1 534	1 541	1 538
P70%＋A30%	1 534	1 534	1 541	1 538
P90%＋A10%	1 534	1 534	1 541	1 538
P95%＋A5%	1 534	1 534	1 541	1 538
石膏(P)	1 534	1 534	1 541	1 538

5.4.2 吸收宽度提取

在本书中，吸收宽度指的是最大吸收深度一半处左右波长之间的宽度，即常用的半高宽的概念。由于这一限制，原始反射率光谱和自然对数光谱都无法计算，所以只能从包络线去除和参考背景光谱去除的结果光谱上直接提取，如表 5.3 所示。

表 5.3 吸收宽度提取结果(1 670～1 828 nm) 单位:nm

样本名称	CR	RSBR
P5%＋A95%	49	72
P10%＋A90%	53	65
P30%＋A70%	56	64
P50%＋A50%	59	64
P70%＋A30%	63	65
P90%＋A10%	64	67
P95%＋A5%	64	68
石膏(P)	66	67

从表 5.3 容易发现，包络线去除提取的吸收宽度随着石膏含量的上升不断增加，而参考背景光谱去除提取出的宽度保持稳定。之前研究结果表明，吸收特征宽度本身是由目标物的成分等多种因素作用的结果，与该成分在混合物中的含量比例并没有直接关系(Sunshine et al,1993)。基于包络线去除算法提取吸收宽度在一定程度上确实会受到丰度变化的影响，这是由于增加其他成分，会改变混合物样本的平均光学路径长度，所以提取出的混合光谱吸收宽度必然会发生变化。然而，如果能够消除混合样本中干扰物的影响，提取出纯净的目标物吸收特征，那么吸收宽度就会保持稳定状态，正如参考背景光谱去除光谱提取的结果一样。混合样本吸收宽度真实值很难去判定，但是就一定的目标物而言，其吸收宽度只与其成分本身有关，而不受其他成分含量的影响，即不受混合物成分比例变化的影响。这点也进一步证明了参考背景光谱去除算法成功排除了背景干扰物的影响，提取出了纯净的目标物吸收特征。

5.4.3 吸收深度提取

基于 Clark 的描述(Clark et al,1984)，从包络线去除光谱 r_{CR} 提取吸收深度 D 为

$$D=1-r_{CR}(\lambda_c) \tag{5.28}$$

式中，λ_c 是吸收中心波长。对于自然对数光谱，吸收深度 D_{log} 为

$$D_{log} = -N(\lambda_c) \tag{5.29}$$

式中，N 是自然对数光谱。对矿物粉末混合物样本光谱计算吸收深度时，其吸收中心波长参考表 5.2 的结果。各样本吸收深度提取结果如表 5.4 所示。

表 5.4　吸收深度提取结果(1 670～1 828 nm)

样本名称	CR	RSBR
P5%＋A95%	0.006 7	0.011 5
P10%＋A90%	0.016 3	0.022 1
P30%＋A70%	0.052 4	0.061 4
P50%＋A50%	0.103 5	0.114 1
P70%＋A30%	0.164 9	0.175 6
P90%＋A10%	0.214 2	0.224 5
P95%＋A5%	0.229 8	0.240 1
石膏(P)	0.256 2	0.266 6

与期望的结果相同，当混合物样本中的石膏丰度提高时，该吸收特征的吸收深度随之增加。在§5.1 中介绍过，吸收深度与目标物在混合样本中的含量呈线性相关。这里设定纯净石膏光谱的吸收深度为 100%，将混合样本吸收深度与这一标准相除，得到的百分比就可以作为石膏丰度的估计值。基于包络线去除光谱和参考背景光谱去除光谱计算的结果如表 5.5 和图 5.18 所示。

表 5.5　矿物粉末混合物样本石膏丰度估计结果

样本名称	CR	RSBR
P5%＋A95%	0.026 3	0.043 1
P10%＋A90%	0.063 6	0.083 1
P30%＋A70%	0.204 6	0.230 2
P50%＋A50%	0.404 0	0.427 8
P70%＋A30%	0.643 5	0.658 7
P90%＋A10%	0.836 3	0.842 0
P95%＋A5%	0.897 0	0.900 4
均方根误差	0.065 7	0.050 6

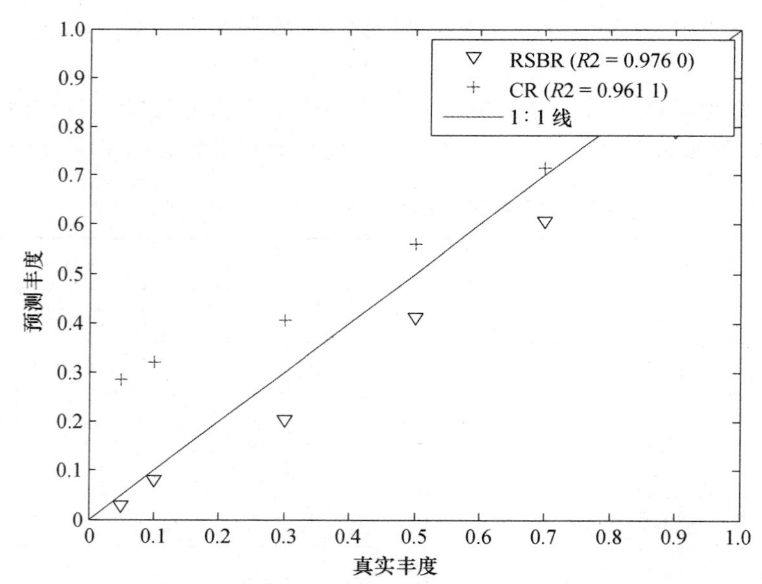

图 5.18 矿物混合样本石膏丰度估计值和真实值散点图

注：R2 为可决系数。

从结果可以看出，RSBR 的矿物混合样本石膏丰度的精度明显优于 CR。其原因是 RSBR 考虑了光谱混合效应，提取的吸收中心波长更为准确；吸收强度同样消除了干扰物的影响，因此精度更高。这说明 RSBR 在矿物定量反演中比 CR 更具优势，有非常大的应用潜力。

5.4.4 光谱波形提取

正如前三个小节所描述，参考背景光谱去除算法在矿物定量反演中有非常好的效果。本节当中，该算法对于吸收特征波形的提取效果将会得到验证。光谱角匹配(Kruse et al，1993)是最常用的光谱匹配方法之一，常被用来进行矿物种类识别。本节当中，光谱角匹配将被用来计算波形之间的相似程度。在进行光谱角匹配之前，背景去除光谱会根据吸收特征深度进行归一化，让光谱匹配的结果更准确。

1. 吸收深度归一化

前面已经讲到，吸收物的丰度对于吸收特征的深度有直接的影响，但是对光谱波形没有很大的影响。吸收深度归一化能够有效消除吸收物丰度、地形、大气等因素的影响(Clark，1981)。吸收深度归一化的背景去除光谱 N_{normal} 为

$$N_{\text{normal}} = -N_{\text{CR}}/D_{\log} \tag{5.30}$$

式中，N_{CR} 是归一化之前的背景去除光谱，$D_{\log}$ 是吸收深度。如图 5.19 所示为吸收深度归一化后的背景去除光谱。与图 5.17 比较可以看出，由吸收深度变化导致的

波形影响已经被有效去除，并且参考背景光谱去除方法得到的结果在波形上具有更好的一致性。

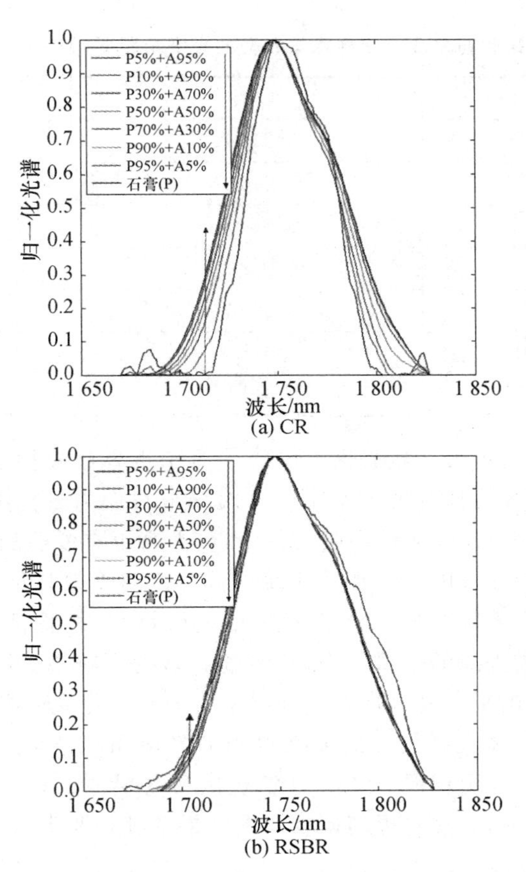

图 5.19　吸收深度归一化后的背景去除结果(1 670～1 828 nm)

2. 光谱角匹配结果

光谱角距离 α 是衡量两个光谱波形相似性的重要参量(Kruse et al，1993)。

$$\alpha = \cos^{-1}\left(\frac{\sum_{i=1}^{n_b} t_i r_i}{\left(\sum_{i=1}^{n_b} t_i^2\right)^{\frac{1}{2}}\left(\sum_{i=1}^{n_b} r_i^2\right)^{\frac{1}{2}}}\right) \tag{5.31}$$

式中，t 是待分析的光谱，r 是参考光谱，n_b 是波段的数目。本书中将石膏的归一化光谱作为参考光谱，计算各个混合样本归一化光谱与其光谱角距离，结果如表 5.6 所示。光谱角距离越小，表明两条光谱波形的相似度越高。因此，容易看出参考背景光谱去除的归一化光谱结果要明显好于包络线去除的结果，不同样本得到的吸收特征波形非常一致。这说明参考背景光谱去除算法能够有效消除背景成分影响,得到纯粹的目标成分光谱,这对于矿物种类的精细识别非常有意义。

表 5.6 矿物粉末混合物样本与石膏的光谱角距离(1 670～1 828 nm)

样本名称	CR	RSBR
P5%+A95%	0.316 7	0.107 5
P10%+A90%	0.219 1	0.062 6
P30%+A70%	0.146 3	0.065 5
P50%+A50%	0.088 2	0.051 6
P70%+A30%	0.045 7	0.034 4
P90%+A10%	0.018 0	0.016 3
P95%+A5%	0.011 8	0.011 5

为了更好地展示参考背景光谱去除算法对于重叠吸收特征处理的效果,本书还针对绿帘石的吸收特征开展了实验。这次绿帘石作为目标物,而石膏成为背景物。在绿帘石 2 256 nm 的典型吸收特征附近,石膏也有微弱的吸收特征。从包络线去除的结果,如图 5.20(a)所示,可以看到,石膏的无效特征严重干扰了绿帘石特征的提取,混合样本吸收中心波长发生很大偏移,目标特征无法有效提取。然而,在参考背景光谱去除的结果当中,背景物石膏的影响被去除,绿帘石的目标特征被非常好地提取出来。混合样本和纯绿帘石的归一化光谱之间的光谱角距离如表 5.7 所示。同样,参考背景光谱去除得到的光谱角距离明显小于包络线去除。这再次有力地证明,在出现混合光谱的情况下,参考背景光谱去除算法能够很好地提取出目标吸收特征,而这对提高矿物匹配结果精度是非常有益的。

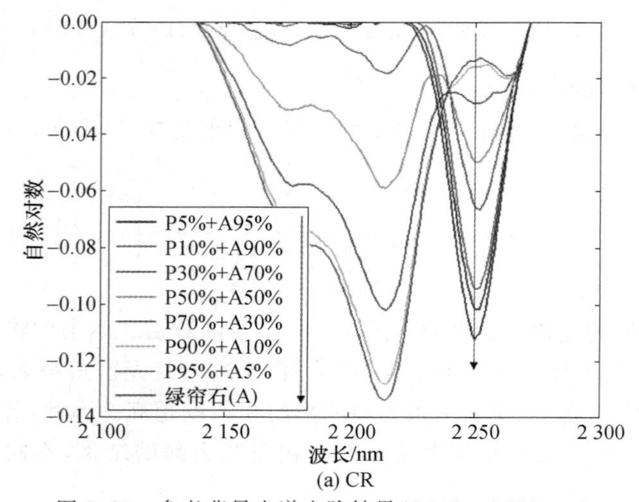

(a) CR

图 5.20 参考背景光谱去除结果(2 138～2 273 nm)

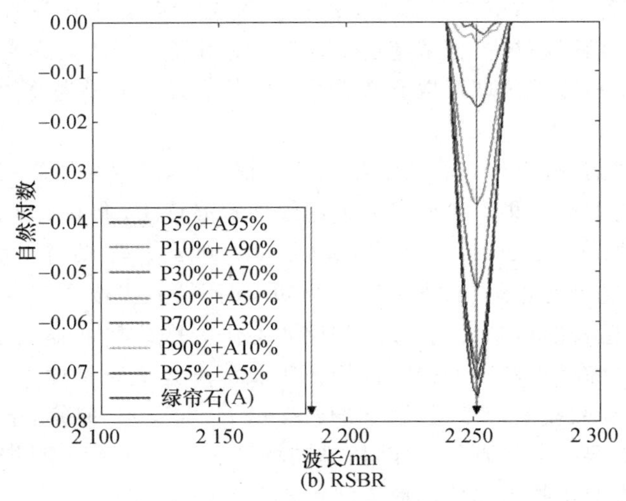

(b) RSBR

图 5.20(续)　参考背景光谱去除结果(2 138～2 273 nm)

表 5.7　矿物粉末混合物样本与石膏的归一化光谱角距离(2 138～2 273 nm)

样本名称	CR	RSBR
P5%＋A95%	0.039 7	0.019 2
P10%＋A90%	0.075 7	0.019 8
P30%＋A70%	0.332 1	0.019 0
P50%＋A50%	0.988 0	0.016 1
P70%＋A30%	1.315 7	0.053 9
P90%＋A10%	1.414 0	0.193 8
P95%＋A5%	1.431 4	0.502 2

§5.5　基于参考背景光谱去除的植被覆盖区矿物信息提取

高光谱遥感已经被认可为是一种有效的岩矿信息提取方式，尤其是在短波红外波段(Clark et al，1990)。目前为止，针对地球上的矿物信息提取应用大多被限制在非植被覆盖区域(Bishop et al，2011；Pour et al，2013)。然而在实际环境当中，植被的存在是不可避免的，并且已经成为遥感矿物探测的一个主要障碍(Rodger et al，2009)。当植被覆盖率达到 10%时，一些矿物在短波红外波段的吸收特征就被压制了。在植被覆盖率超过 50%的区域，遥感传感器采集的数据多数是植被，即使有矿物存在，其吸收特征也往往由于光谱混合效应被压制。Seigal 等

(1977)发现,不管是活的植被还是干枯的植被都会对探测矿物吸收特征的深度带来很大的影响。而当植被覆盖率超过60%时,使用现有算法是无法区分土壤类型的。如何在高植被覆盖区域提取有意义的矿物信息是高光谱遥感探矿的一个重大挑战(Zhang et al,1998)。

在高植被覆盖率区域,岩石或矿物的信息很微弱,所以采用直接的分类或者探测算法很难取得好的效果。一些研究采用线性解混算法,求解土壤、绿色植被和干枯植被的丰度(Roberts et al,1998;Asner et al,2002)。然而与土壤不同,岩石和矿物种类繁多,光谱变化复杂,当没有先验知识时,端元提取和丰度反演已非常困难,再增加植被覆盖的压制影响,提取和反演工作更是难上加难。还有研究尝试通过基于包络线去除后提取出的诊断性特征吸收深度建立统计模型,从而对铁染矿物、黏土矿物和碳酸盐实现定量反演(Haest et al,2013)。但是,基于统计方法的矿物信息提取需要很大的野外工作量,不同场景间并不具备模型的通用性,并且只有有限的几个大类矿物可以应用此方法被提取出来。

在短波红外波段,许多矿物具有非常典型的吸收特征,这些特征可以被用来对特定类别矿物进行识别或对其成分进行定量分析(Clark,1999;Hunt,1980)。这些诊断性的吸收特征,也是高光谱矿物探测的基础(Tong et al,2006)。要想对这些吸收特征进行分析,首先需要从高光谱数据中将这些特征提取出来。目前使用最为广泛的吸收特征提取算法就是包络线去除法(Clark et al,1984)。前面章节已经介绍过,包络线是基于非选择性吸收和散射原理提出的,是指除吸收特征以外的因素所形成的背景光谱,受观测物表面物理性质(颗粒大小、粗糙度、纹理等)及化学成分的影响(Kokaly et al,1999)。由于其复杂性,基于观测物物理参量和化学成分反演包络线是十分困难的,通常只能通过观测获得的光谱自身去模拟包络线(Mustard et al,1999)。通常,包络线是利用反射率光谱上凸拐点的连线来模拟的,而包络线去除结果由反射率光谱和包络线光谱相除得到(Meer et al,2000)。通过包络线去除,能够将物质内部辐射传输导致的吸收特征能量损耗提取出来。包络线去除可以增强光谱特征细节,消除斜坡效应和地形光照等对吸收深度的影响(Clark,1999)。然而,对于混合光谱来讲,包络线去除提取出的是不同成分吸收特征的混合结果,它不能够有效去除背景物质成分的影响。例如,在植被覆盖区,植被的光谱特征会在很大程度上干扰和压制矿物吸收特征,采用包络线去除光谱难以实现矿物信息的有效提取。但如果有一种算法能够有效地将植被信息去除,得到纯净的目标物吸收特征,那么植被覆盖区矿物识别甚至定量反演将有可能实现。

本节将引入参考背景光谱去除算法,尝试利用该算法实现植被背景信息的消除,将潜藏的矿物吸收特征提取出来,为植被覆盖区高光谱遥感矿物探测提供可能的技术手段。为验证算法可行性,本节将采用USGS光谱库光谱生成的模拟数据进行处理,对该技术的精度和有效性进行分析。

5.5.1　基于参考背景光谱去除的矿物弱信息提取方案

参考背景光谱去除算法能够基于背景物的参考光谱拟合出类似于包络线的背景光谱，并通过背景光谱去除消除背景物的影响，使得被压制的吸收特征显现出来。在植被覆盖区矿物信息提取中，植被就可以被看作上述的背景物。通过背景光谱去除，可以消除植被影响，得到植被覆盖下弱信息的吸收特征光谱。将矿物光谱库进行包络线去除处理，并与植被覆盖区数据 RSBR 处理结果进行光谱匹配，就可以对植被覆盖区矿物种类进行识别。本书提出的植被背景光谱去除技术方案主要包括以下步骤，整体流程如图 5.21 所示。

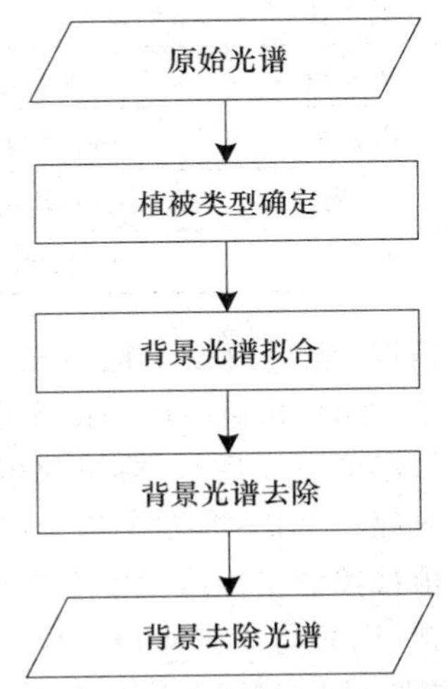

图 5.21　基于 RSBR 的植被覆盖区矿物弱信息提取算法流程

1. 植被类型确定

基于先验知识或者影像分类结果，确定植被覆盖的类型，从而获得参考背景光谱。植被参考背景光谱既可以从影像中提取，也可以通过植被光谱库获得。

2. 背景光谱拟合

如 5.2.1 节所述，在节点间分别进行背景光谱拟合，最终可获得全波段的背景光谱曲线。

3. 背景光谱去除

逐点将待处理光谱和背景光谱相除，得到去背景光谱。该处理能够去除植被背景影响，从而将矿物的弱吸收特征提取出来。

5.5.2　模拟数据生成

由于矿物种类繁多，为使模拟数据更具有代表性，从 USGS 光谱库中选取了五种具有代表性的典型矿物，涵盖了硫酸盐、碳酸盐、铁氧化物、高岭石组矿物和白云母组矿物。为模拟不同植被覆盖对矿物弱信息提取的影响，从 USGS 植被光谱库中选取了白杨和旱雀麦两种常见植被，分别作为木本植物和草本植物的代表。模拟数据生成所用到的矿物和植被光谱库光谱如表 5.8 所示。

表 5.8 用于模拟数据生成的 USGS 光谱库光谱

类别	大类	细分类别	光谱名称
矿物	硫酸盐	明矾石	alunite1.spc Alunite GDS84 Na03
	碳酸盐	碳酸钙	calcite1.spc Calcite WS272
	铁氧化物	氧化铁	hematit1.spc Hematite 2%+98%Qtz GDS76
	高岭石组	高岭石	kaolini1.spc Kaolinite CM9
	白云母组	白云母	muscovi1.spc Muscovite GDS107
植被	木本植物	白杨	aspenlf1.spc Aspen_Leaf-A DW92-2
	草本植物	旱雀麦	cheatgra.spc Cheatgrass ANP92-11A mix

为模拟高植被覆盖区的情况，模拟数据中植被光谱的丰度含量不低于 50%，从 50%到 95%按照 5%的阶梯递增；相对应矿物的丰度从 50%到 5%递减。模拟数据生成示意如图 5.22 所示(彩图见文后)。模拟数据是 10×10 的正方形棋盘状数据，共 100 个像素，每一列对应一类矿物，左半边是白杨覆盖区，右半边是旱雀麦覆盖区。混合光谱由矿物和植被按照丰度线性混合生成。后期为验证噪声对算法的影响，还可适当添加一定信噪比的高斯白噪声。模拟数据波段信息和 USGS 光谱库保持一致，具有 481 个波段，波段范围从 395.1 nm 到 2 560 nm，涵盖可见光—近红外—短波红外范围。

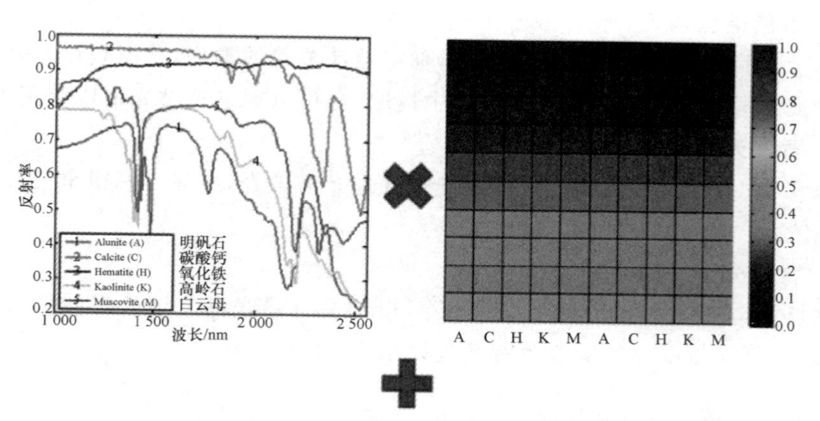

图 5.22 模拟数据生成示意

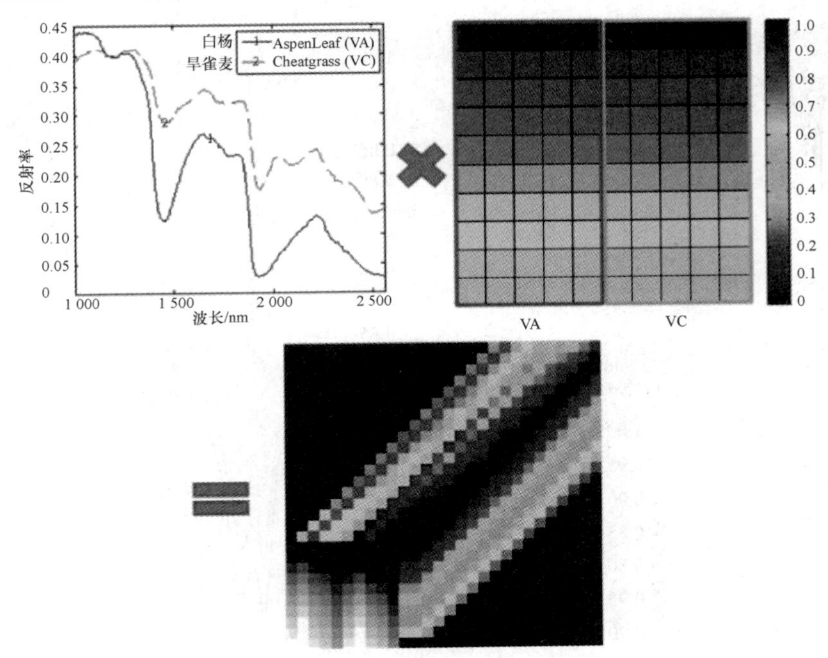

图 5.22(续)　模拟数据生成示意

5.5.3　数据处理结果及分析

模拟数据背景光谱去除结果仍然是高光谱影像，逐像素展示处理效果过于烦冗，效果也不佳。本节将从不同矿物类型、不同植被背景，以及不同处理方法三个角度来展示基于参考背景光谱去除法的植被弱信息提取结果。

1. 不同矿物类型结果分析

不同矿物类型弱信息提取的效果也会有所不同。下面以白杨为植被背景的数据处理结果为例，分析不同矿物类型提取的效果，其结果如图 5.23 所示。

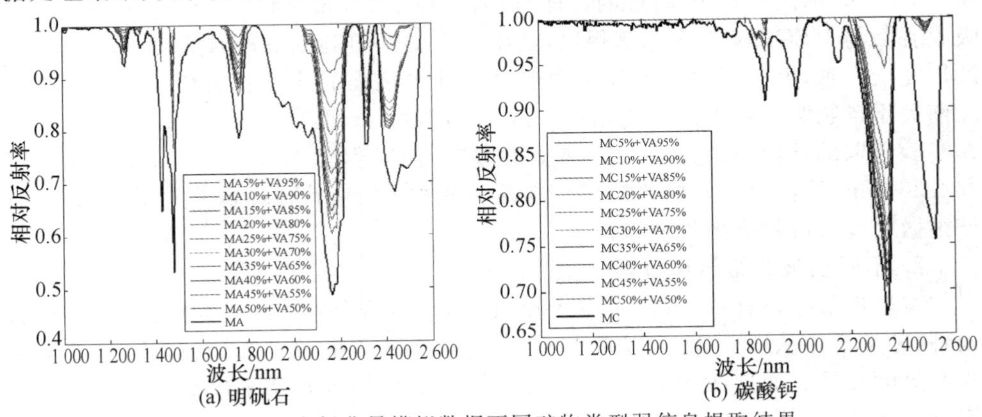

图 5.23　白杨背景模拟数据不同矿物类型弱信息提取结果

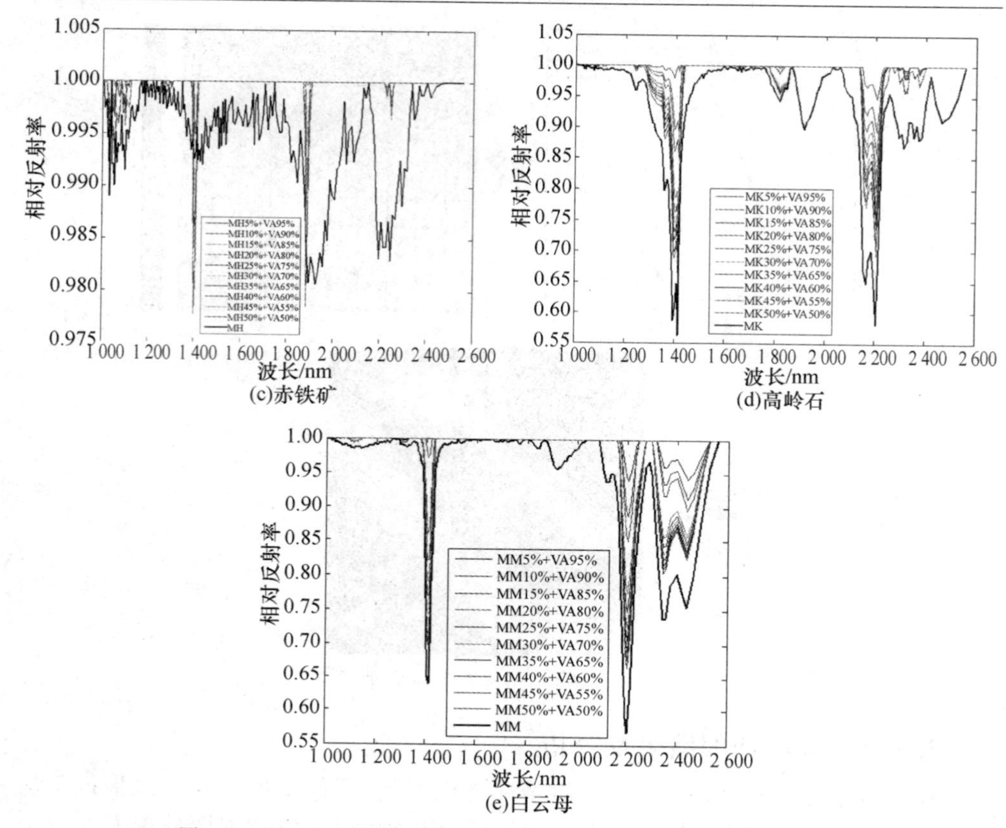

图 5.23(续)　白杨背景模拟数据不同矿物类型弱信息提取结果

从图 5.23 可以看出,除了在短波红外波段缺少吸收特征的赤铁矿,其他四种矿物的典型吸收特征都被有效地提取出来:明矾石在 1 400 nm 附近的双吸收谷,1 760 nm的诊断性吸收特征;碳酸钙在 2 340 nm 附近的碳酸根吸收特征;高岭石在 1 400 nm 和 2 200 nm 附近的特征;白云母在 2 350 nm 和 2 450 nm 的诊断性双吸收谷。与 USGS 纯矿物光谱相比,利用本书方法得到的高植被覆盖区处理结果波形完全一致,并且吸收深度和矿物丰度呈现出很强的线性相关性。这一结果与之前关于矿物吸收深度的研究结论一致(Sunshine et al,1993)。对于赤铁矿来讲,在实验选取的波段范围内并没有典型的吸收特征,但仍然在 1 400 nm、1 900 nm 和 2 200 nm 处提取出了显著特征。这说明本书方法对特征提取非常敏感,即使特征很微弱也可以被有效地提取出来。

2. 不同植被背景结果分析

在模拟数据设计中,考虑了草本植被(由旱雀麦代表)和木本植被(由白杨代表)两种类型。从图 5.22 可以看出,草本植被和木本植被在光谱波形上还是有较为明显的差异。而这些光谱差异,可能会给目标矿物吸收特征的提取带来一定的影响。在 5.5.1 节介绍的技术流程中,第一步就是确定植被类型。为了研究植被类型选取准确是否对实验结果有影响，分别考虑了植被背景选取正确和错误的情况，得到了不同的数据处理结果。下面就以碳酸钙为例，展示其在旱雀麦背景和白杨背景中的提取效果，如图 5.24 所示，其中“—”前是真实植被背景类型，“—”后是处理中选取的植被背景光谱类型。

从图 5.24 可以看出，图 5.24(a)和图 5.24(b)的结果要明显优于图 5.24(c)和图 5.24(d)，这说明植被类型选取对于本书提出的矿物弱信息提取精度还是有非常大的影响。图 5.24(a)和图 5.24(b)的结果比较接近，都很理想，碳酸钙的典型吸收特征被提取出来。这表明不管是什么品种的植被背景，只要参考背景光谱选取准确，本书提出的方法都可以有效地实现矿物吸收特征提取。可是，当植被参考背景光谱选取错误，结果就有可能发生较大出入。如图 5.24(c)所示，真实背景是白杨，但采用了旱雀麦光谱作为参考背景光谱，导致出现了很多无效特征。其实，这些特征是白杨光谱与旱雀麦光谱相比之下得到的相对特征，可以用来区分两种植被类型，但并不是我们所需要的矿物弱信息。只有选取正确的植被背景光谱，才能够利用参考背景光谱去除法消除该背景物的影响，得到想要的矿物吸收特征。

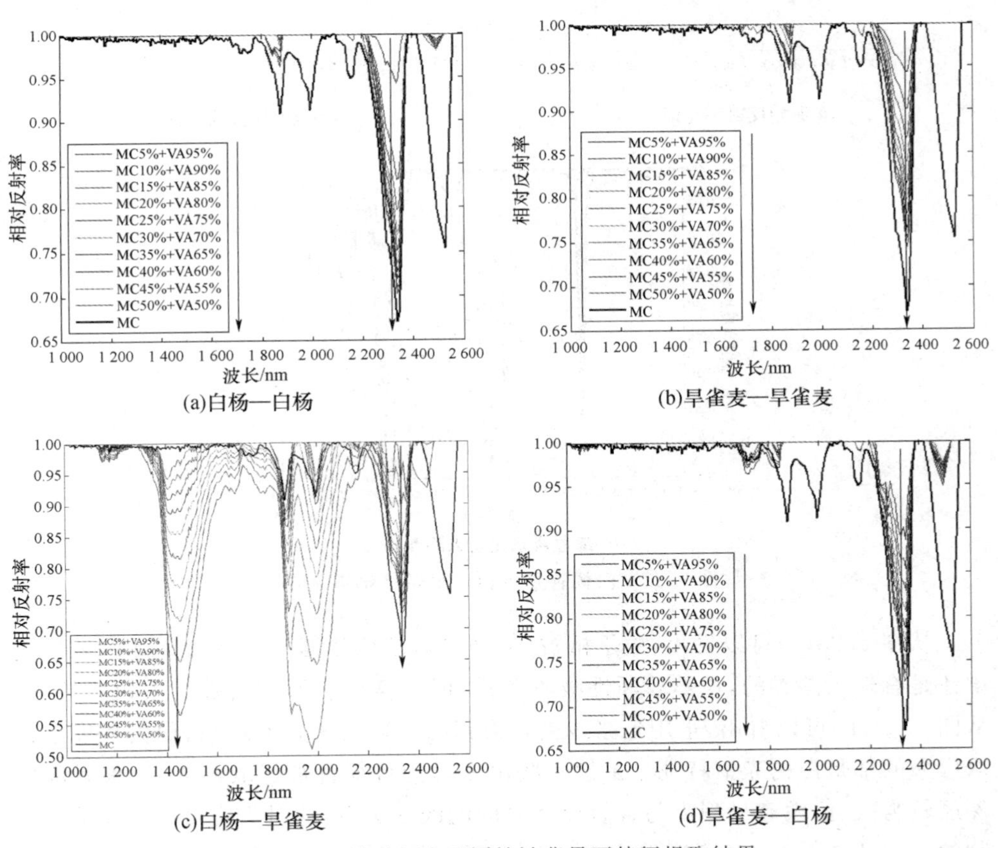

(a)白杨—白杨　(b)旱雀麦—旱雀麦

(c)白杨—旱雀麦　(d)旱雀麦—白杨

图 5.24　碳酸钙在不同植被背景下特征提取结果

3. 不同处理方法结果分析

为了充分展示参考背景光谱去除法在植被覆盖区矿物弱信息提取中的效果，本书还使用了包络线去除法对模拟数据进行处理，并将两者进行比较。下面以一组白杨背景下的白云母数据为例，展示不同处理方法的提取效果，如图 5.25所示。

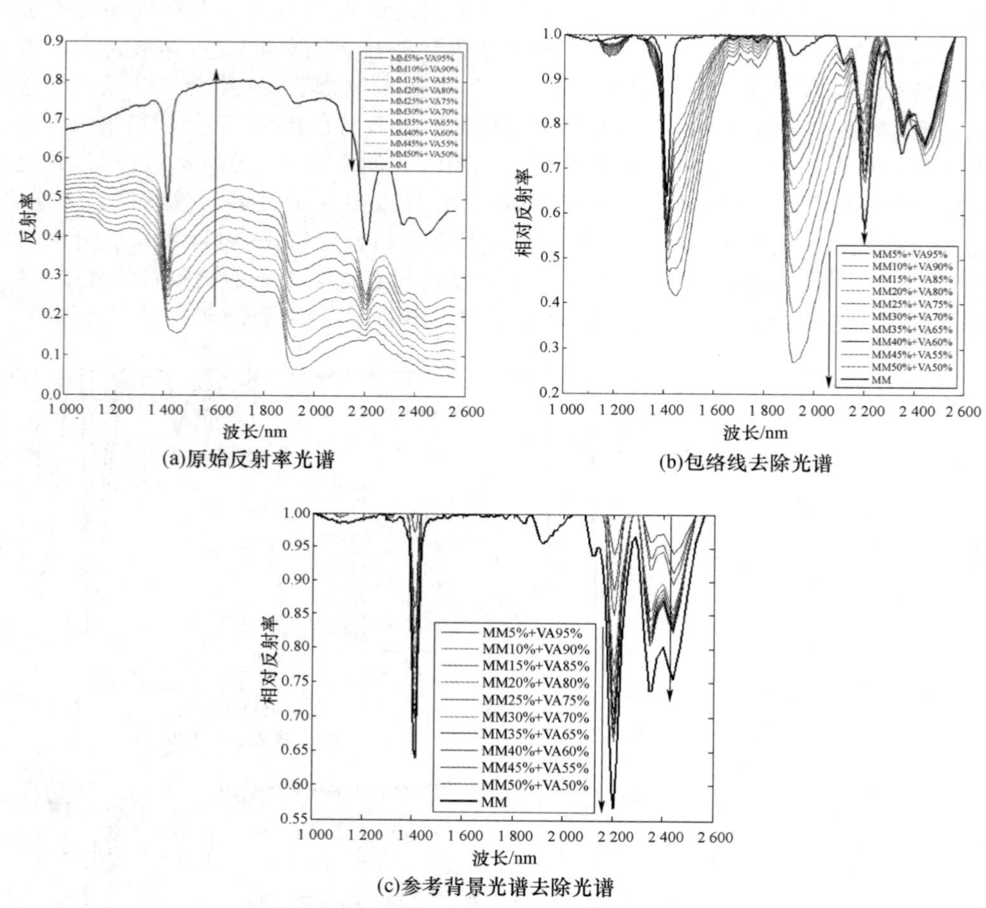

(a)原始反射率光谱

(b)包络线去除光谱

(c)参考背景光谱去除光谱

图 5.25　白杨背景下白云母特征提取结果

从图 5.25(a)可以看出，由于植被比例较高，模拟数据光谱波形和纯白云母光谱还是有较大差异的，虽然诊断性吸收还在，但是整体波形和植被类型较为接近。从图 5.25(b)可以看出，采用包络线去除得到的结果效果并不理想，很大程度上提取出来的都是白杨光谱特征。虽然一些白云母的特征也被提取出来了，但是吸收深度较为接近，没有呈现出与含量比例之间的线性关系，这对于定量反演是非常不利的。而从图 5.25(c)可以看出，本书方法得到的结果和纯净白云母的特征非常一致，植被背景的无效特征没有被提取出来，这说明植被背景被非常好地去除掉了。并且，矿物吸收特征深度和丰度呈现较明显的相关性，这也为矿物定量反演打下了非常好的基础。综上所述，参考背景光谱去除法在植被覆盖区矿物信息提取应用中有非常大的潜力。

参考文献

常威威,2007. 高光谱图像条带噪声消除方法研究[D]. 西安:西北工业大学.

陈述彭,1998. 地学信息图谱刍议[J]. 地理研究,17(5):2.

陈松岭,卢福宏,高光明,等,2001. 华北地台北缘内蒙古段金矿围岩蚀变的遥感识别[J]. 国土资源遥感(2):13-18.

甘甫平,王润生,2004. 遥感岩矿信息提取基础与技术方法研究[M]. 北京:地质出版社.

莱昂,1996a. 风化及其它类荒漠漆表面层对高光谱分辨率遥感的影响(一)[J]. 环境遥感(2):138-150.

莱昂,1996b. 风化及其它类荒漠漆表面层对高光谱分辨率遥感的影响(二)[J]. 环境遥感(3):186-194.

李庆亭,2009. 基于光谱诊断和目标探测的高光谱岩矿信息提取方法研究[D]. 北京:中国科学院研究生院.

梁凯,兰井志,2005. 我国矿产资源综合利用的现状及对策[J]. 中国矿业,13(12):44-46.

刘洪波,关广岳,金成洙,1990. 构造应力对类质同象代替的影响[J]. 东北大学学报(自然科学版)(3):209-214.

刘继顺,马光,舒广龙,2005. 湖北铜绿山矽卡岩型铜铁矿床中隐爆角砾岩型金(铜)矿体的发现及其找矿前景[J]. 矿床地质,24(5):527-536.

刘李,2010. 基于多光谱和高光谱数据的遥感矿化蚀变信息提取研究[D]. 北京:中国地质大学.

刘正军,王长耀,2002. 成像光谱仪图像条带噪声去除的改进矩匹配方法[J]. 遥感学报,6(4):279-284.

陆廷清,陈晓慧,胡明,2009. 地质学基础[M]. 北京:石油工业出版社.

栾学文,2008. 基于航天高光谱遥感的东胜地区矿物填图研究[D]. 北京:中国地质大学(北京).

罗文斐,2008. 高光谱图像光谱解混及其对不同空间分辨率图像的适应性研究[D]. 北京:中国科学院研究生院.

帅通,2014. 基于混合光谱分解技术的深空矿物丰度定量反演研究[D]. 北京:中国科学院大学.

童庆禧,薛永祺,王晋年,等,2010. 地面成像光谱辐射测量系统及其应用[J]. 遥感学报,14(3):409-422.

童庆禧,张兵,郑兰芬,2006. 高光谱遥感:原理、技术与应用[M]. 北京:高等教育出版社.

王晋年,李志忠,张立福,等,2012. "光谱地壳"计划——探索新一代矿产勘查技术[J]. 地球信息科学学报,14(3):344-351.

王晋年,郑兰芬,1996. 成象光谱图象光谱吸收鉴别模型与矿物填图研究[J]. 环境遥感,11(1):20-31.

王润生,2009. 高光谱遥感的物质组分和物质成分反演的应用分析[J]. 地球信息科学学报,11(3):261-267.

王润生,郭小方,王天兴,1999. 成像光谱方法技术开发应用研究(国土资源部“九五”重点科研项目报告)[R]. 北京:中国国土资源航空物探遥感中心.

王润生,杨苏明,阎柏琨,2007. 成像光谱矿物识别方法与识别模型评述[J]. 国土资源遥感(1):1-9.

文吉,2007. ENVI 遥感影像处理专题与实践[M]. 北京:中国环境科学出版社.

张兵,高连如,2011. 高光谱图像分类与目标探测[M]. 北京:科学出版社.

张良中,吴太夏,刘佳,等,2014. 天宫一号高光谱数据相关检测法蚀变信息提取[J]. 遥感学报,18(z1):84-91.

张良培,张立福,2011. 高光谱遥感[M]. 北京:测绘出版社.

兆橹,1993. 结晶学及矿物学[M]. 北京:地质出版社.

赵虎,2004. 岩石的多角度反射光谱与偏振反射光谱特征研究[D]. 北京:北京大学.

周强,甘甫平,王润生,等,2005. 高光谱遥感影像矿物自动识别与应用[J]. 国土资源遥感(4):28-31.

ADAMS J B,1974. Visible and near-infrared diffuse reflectance spectra of pyroxenes as applied to remote sensing of solid objects in the solar system [J]. Journal of Geophysical Research,79(32):4829-4836.

ADAMS J B,SMITH M O,JOHNSON P E,1986. Spectral mixture modeling:a new analysis of rock and soil types at the Viking Lander 1 site [J]. Journal of Geophysical Research:Solid Earth(1978—2012),91(B8):8098-8112.

ASNER G P,Heidebrecht K B,2002. Spectral unmixing of vegetation,soil and dry carbon cover in arid regions:comparing multispectral and hyperspectral observations [J]. International Journal of Remote Sensing,23(19):3939-3958.

BAHRAM M, KHEZRI S, 2012. Multivariate optimization of cloud point extraction for the simultaneous spectrophotometric determination of cobalt and nickel in water samples [J]. Anal. Methods,4(2):384-393.

BAUGH W M,KRUSE F A,JR W W A,1998. Quantitative geochemical mapping of ammonium minerals in the southern Cedar Mountains, Nevada, using the Airborne Visible/Infrared Imaging Spectrometer(AVIRIS) [J]. Remote Sensing of Environment,65(3):292-308.

BEN-DOR E,LEVIN N,SINGER A,et al,2006. Quantitative mapping of the soil rubification process on sand dunes using an airborne hyperspectral sensor [J]. Geoderma,131(1):1-21.

BERMAN M,BISCHOF L,HUNTINGTON J,1999. Algorithms and software for the automated identification of minerals using field spectra or hyperspectral imagery [C]. Thirteenth International Conference on Applied Geologic Remote Sensing:1-3.

BIOUCAS-DIAS J M,PLAZA A,DOBIGEON N,et al,2012. Hyperspectral unmixing overview:geometrical,statistical,and sparse regression-based approaches [J]. IEEE Journal of Selected Topics in Applied Earth Observations and Remote Sensing,5(2):354-379.

BISHOP C A,LIU J G,MASON P J,2011. Hyperspectral remote sensing for mineral exploration in Pulang,Yunnan Province,China[J]. International Journal of Remote Sensing,32(9):2409-

2426.

BLANCO M, COELLO J, ITURRIAGA H, et al, 1998. Near-infrared spectroscopy in the pharmaceutical industry [J]. The Analyst, 123: 135R-150R.

BOARDMAN J W, 1993. Automating spectral unmixing of AVIRIS data using convex geometry concepts [C]. Summaries 4th Annu. JPL Airborne Geoscience Workshop: 11-14.

BOARDMAN J W, 1998. Post-ATREM polishing of AVIRIS apparent reflectance data using EFFORT: a lesson in accuracy versus precision [C]. Summaries of the Seventh JPL Airborne Earth Science Workshop: 53.

BROGE N H, MORTENSEN J V, 2002. Deriving green crop area index and canopy chlorophyll density of winter wheat from spectral reflectance data [J]. Remote Sensing of Environment, 81(1): 45-57.

CHABRILLAT S, PINET P C, CEULENEER G, et al, 2000. Ronda peridotite massif: methodology for its geological mapping and lithological discrimination from airborne hyperspectral data [J]. International Journal of Remote Sensing, 21(12): 2363-2388.

CHEN J, RICHARD C, HONEINE P, 2013. Nonlinear unmixing of hyperspectral data based on a linear-mixture/nonlinear-fluctuation model [J]. IEEE Transactions on Signal Processing, 61 (2): 480-492.

CHEN X, WARNER T A, CAMPAGNA D J, 2007. Integrating visible, near-infrared and short-wave infrared hyperspectral and multispectral thermal imagery for geological mapping at Cuprite, Nevada [J]. Remote Sensing of Environment, 110(3): 344-356.

CLARK B E, LUCEY P, HELFENSTEIN P, et al, 2001. Space weathering on Eros: constraints from albedo and spectral measurements of Psyche crater [J]. Meteoritics & Planetary Science, 36(12): 1617-1637.

CLARK R N, 1981. Water frost and ice: the near-infrared spectral reflectance 0. 65—2. 5 μm [J]. Journal of Geophysical Research: Solid Earth(1978—2012), 86(B4): 3087-3096.

CLARK R N. 1999. Spectroscopy of rocks and minerals, and principles of spectroscopy [C]. The Manual of Remote Sensing for the Earth Sciences, 3: 3-58.

CLARK R N, KING T V, KLEJWA M, et al, 1990. High spectral resolution reflectance spectroscopy of minerals [J]. Journal of Geophysical Research, 95(B8): 12612-12653.

CLARK R N, ROUSH T L, 1984. Reflectance spectroscopy: quantitative analysis techniques for remote sensing applications [J]. Journal of Geophysical Research, 89(B7): 6329-6340.

CLARK R N, SWAYZE G A, LIVO K E, et al, 2003. Imaging spectroscopy: Earth and planetary remote sensing with the USGS Tetracorder and expert systems [J]. Journal of Geophysical Research, 108(E12): 5131.

COOPER B L, SALISBURY J W, KILLEN R M, et al, 2002. Midinfrared spectral features of rocks and their powders [J]. Journal of Geophysical Research, 107(E4): 5017.

CROWLEY J K, BRICKEY D W, ROWAN L C, 1989. Airborne imaging spectrometer data of the Ruby Mountains, Montana: mineral discrimination using relative absorption band-depth images [J]. Remote Sensing of Environment,29(2):121-134.

CURRAN P J, DUNGAN J L, PETERSON D L, 2001. Estimating the foliar biochemical concentration of leaves with reflectance spectrometry: testing the Kokaly and Clark methodologies [J]. Remote Sensing of Environment,76(3):349-359.

DEBBA P,CARRANZA E J M,MEER F V D,et al,2006. Abundance estimation of spectrally similar minerals by using derivative spectra in simulated annealing [J]. IEEE Transactions on Geoscience and Remote Sensing,44(12):3649-3658.

DOBIGEON N,TITS L,SOMERS B,et al,2014. A comparison of nonlinear mixing models for vegetated areas using simulated and real hyperspectral data [J]. IEEE Journal of Selected Topics in Applied Earth Observations and Remote Sensing,7(6):1869-1878.

ERK N,1998. Comparative study of the ratio spectra derivative spectrophotometry, derivative spectrophotometry and vierordt's method appued to the analysis of lisinopril and hydrochlorothiazide in tablets [J]. Spectroscopy Letters,31(3):633-645.

FARIFTEH J,NIEUWENHUIS W,GARCíA-MELÉNDEZ E,2013. Mapping spatial variations of iron oxide by-product minerals from EO-1 Hyperion [J]. International Journal of Remote Sensing,34(2):682-699.

FOLKMAN M, PEARLMAN J, LIAO L, et al, 2001. EO-1/Hyperion hyperspectral imager design,development,characterization,and calibration [C]. Proc. SPIE:40-51.

GAFFEY M J,1976. Spectral reflectance characteristics of the meteorite classes [J]. Journal of Geophysical Research,81(5):905-920.

GAFFEY S J,1986. Spectral reflectance of carbonate minerals in the visible and near-infrared (0.35—2.55 mum)—calcite, aragonite, and dolomite [J]. American Mineralogist, 71(1): 151-162.

GAO B C, GOETZ A F, 1990. Column atmospheric water vapor and vegetation liquid water retrievals from airborne imaging spectrometer data [J]. Journal of Geophysical Research: Atmospheres(1984—2012),95(D4):3549-3564.

GOETZ A F,2009. Three decades of hyperspectral remote sensing of the Earth: a personal view [J]. Remote Sensing of Environment,113:5-16.

GOETZ A F,SRIVASTAVA V,1985a. Mineralogical mapping in the Cuprite Mining District, Nevada [C]. Procairborne Imaging Spectrometer Data Analysis Workshop:22-29.

GOETZ A F,VANE G,SOLOMON J E,et al,1985b. Imaging spectrometry for earth remote sensing [J]. Science,228(4704):1147-1153.

GOMEZ C,LAGACHERIE P,COULOUMA G,2008. Continuum removal versus PLSR method for clay and calcium carbonate content estimation from laboratory and airborne hyperspectral measurements [J]. Geoderma,148(2):141-148.

GREEN A A, CRAIG M D, 1985. Analysis of aircraft spectrometer data with logarithmic residuals[J]. Procairborne Imaging Spectrometer Data Analysis Workshop:111-119.

GREEN R,PAVRI B,FAUST J,et al,2000. AVIRIS radiometric laboratory calibration, inflight validation and a focused sensitivity analysis in 1998 [C]. JPL Publication.

GUO Y,BERMAN M,2012. A comparison between subset selection and L1 regularisation with an application in spectroscopy [J]. Chemometrics and Intelligent Laboratory Systems,118: 127-138.

HAEST M,CUDAHY T,RODGER A,et al,2013. Unmixing the effects of vegetation in airborne hyperspectral mineral maps over the Rocklea Dome iron-rich palaeochannel system(Western Australia [J]. Remote Sensing of Environment,129:17-31.

HALIMI A, ALTMANN Y, DOBIGEON N, et al, 2011. Nonlinear unmixing of hyperspectral images using a generalized bilinear model [J]. IEEE Transactions on Geoscience and Remote Sensing,49(11):4153-4162.

HAPKE B, 1981. Bidirectional reflectance spectroscopy: 1. Theory [J]. Journal of Geophysical Research,86(NB4):3039-3054.

HAPKE B,1984. Bidirectional reflectance spectroscopy:3. Correction for macroscopic roughness [J]. Icarus,59(1):41-59.

HAPKE B, 1986. Bidirectional reflectance spectroscopy: 4. The extinction coefficient and the opposition effect [J]. Icarus,67(2):264-280.

HAPKE B,2001. Space weathering from Mercury to the asteroid belt [J]. Journal of Geophysical Research:Planets(1991—2012),106(E5):10039-10073.

HAPKE B, 2002. Bidirectional reflectance spectroscopy: 5. The coherent backscatter opposition effect and anisotropic scattering [J]. Icarus,157(2):523-534.

HAPKE B, 2008. Bidirectional reflectance spectroscopy: 6. Effects of porosity [J]. Icarus, 195 (2):918-926.

HAPKE B,2012. Theory of reflectance and emittance spectroscopy [M]. Cambridge University Press.

HAPKE B, WELLS E, 1981. Bidirectional reflectance spectroscopy: 2. Experiments and observations [J]. Journal of Geophysical Research,86(B4):3055-3060.

HAYKIN S S, 2009. Neural networks and learning machines [M]. Pearson Education Upper Saddle River.

HEYLEN R, PARENTE M, GADER P,2014b. A review of nonlinear hyperspectral unmixing methods[J]. IEEE Journal of Selected Topics in Applied Earth Observations and Remote Sensing, 7(6):1844-1868.

HEYLEN R,GADER P, 2014a. Nonlinear spectral unmixing with a linear mixture of intimate mixtures model [J]. IEEE Geoscience and Remote Sensing Letters,11(7):1195-1199.

HORWITZ H M,NALEPKA R F,HYDE P D,et al,1971. Estimating the proportions of objects within a single resolution element of a multispectral scanner [C] . 7th International Symposium on Remote Sensing of Environment.

HUGUENIN R L,JONES J L,1986. Intelligent information extraction from reflectance spectra: absorption band positions [J]. Journal of Geophysical Research:Solid Earth(1978—2012),

91(B9):9585-9598.

HUNT G R, 1970. Visible and near-infrared spectra of minerals and rocks: I. Silicate minerals [J]. Modern Geology, 1:283-300.

HUNT G R, 1977. Spectral signatures of particulate minerals in the visible and near infrared [J]. Geophysics, 42(3):501-513.

HUNT G R, 1979. Near-infrared(1.3—2.4) μm spectra of alteration minerals-potential for use in remote sensing[J]. Geophysics, 44(12):1974-1986.

HUNT G R, 1980. Electromagnetic radiation: the communication link in remote sensing [J]. Remote sensing in geology, 2:5-45.

HUNT G R, SALISBURY J W, 1971. Visible and near infrared spectra of minerals and rocks: II. Carbonates [J]. Modern Geology, 2:23-30.

HUNTINGTON J, QUIGLEY M, YANG K, et al, 2006. A geological overview of HyLogging 18,000 m of core from the Eastern Goldfields of Western Australia [C]. Proceedings Sixth International Mining Geology Conference: 45-50.

ICHOKU C, KARNIELI A, 1996. A review of mixture modeling techniques for sub-pixel land cover estimation [J]. Remote Sensing Reviews, 13(3/4):161-186.

IORDACHE M, BIOUCAS-DIAS J M, PLAZA A, 2011. Sparse unmixing of hyperspectral data [J]. IEEE Transactions on Geoscience and Remote Sensing, 49(6):2014-2039.

JOHNSON P E, SMITH M O, TAYLOR-GEORGE S, et al, 1983. A semiempirical method for analysis of the reflectance spectra of binary mineral mixtures [J]. Journal of Geophysical Research, 88(B4):3557-3561.

JONG S M, 1998. Imaging spectrometry for monitoring tree damage caused by volcanic activity in the Long Valley caldera [J], California ITC Journal, 1:1-10.

KESHAVA N, MUSTARD J F, 2002. Spectral unmixing [J]. IEEE Signal Processing Magazine, 19(1):44-57.

KOKALY R F, CLARK R N, 1999. Spectroscopic determination of leaf biochemistry using band-depth analysis of absorption features and stepwise multiple linear regression [J]. Remote Sensing of Environment, 67(3):267-287.

KRUSE F A, KIEREIN-YOUNG K S, BOARDMAN J W, 1990. Mineral mapping at Cuprite, Nevada with a 63-channel imaging spectrometer [J]. Photogrammetric Engineering and Remote Sensing, 56:83-92.

KRUSE F A, 1988. Use of airborne imaging spectrometer data to map minerals associated with hydrothermally altered rocks in the northern Grapevine Mountains, Nevada, and California [J]. Remote Sensing of Environment, 24(1):31-51.

KRUSE F A, 1996. Identification and mapping of minerals in drill core using hyperspectral image analysis of infrared reflectance spectra [J]. International Journal of Remote Sensing, 17(9): 1623-1632.

KRUSE F A, BOARDMAN J W, HUNTINGTON J F, 1999. Fifteen years of hyperspectral data:

Northern Grapevine Mountains, Nevada [C]. Proceedings of the 8th JPL Airborne Earth Science Workshop: Jet Propulsion Laboratory Publication: 17-99.

KRUSE F A, BOARDMAN J W, HUNTINGTON J F, 2003. Comparison of airborne hyperspectral data and EO-1 Hyperion for mineral mapping [J]. IEEE Transactions on Geoscience and Remote Sensing, 41(6): 1388-1400.

KRUSE F A, LEFKOFF A B, BOARDMAN J W, et al, 1993. The spectral image processing system(SIPS)—interactive visualization and analysis of imaging spectrometer data [J]. Remote Sensing of Environment, 44(2): 145-163.

KURZ T H, BUCKLEY S J, HOWELL J A, 2013. Close-range hyperspectral imaging for geological field studies: workflow and methods [J]. International Journal of Remote Sensing, 34(5): 1798-1822.

LI C, FANG F, ZHOU A, et al, 2014. A novel blind spectral unmixing method based on error analysis of linear mixture model [J]. IEEE Geoscience and Remote Sensing Letters, 11(7): 1180-1184.

LIANG S, 2005. Quantitative remote sensing of land surfaces [M]. John Wiley & Sons.

LUCEY P G, BLEWETT D T, HAWKE B R, 1998. Mapping the FeO and TiO_2 content of the lunar surface with multispectral imagery [J]. Journal of Geophysical Research, 103(E2): 3679-3699.

LUCEY P G, TAYLOR G J, MALARET E, 1995. Abundance and distribution of iron on the Moon [J]. Science, 268(5214): 1150-1153.

MEER F V D, 1996. Metamorphic facies zonation in the Ronda peridotites: spectroscopic results from field and GER imaging spectrometer data[J]. International Journal of Remote Sensing, 17(9): 1633-1657.

MEER F V D, 2000. Spectral curve shape matching with a continuum removed CCSM algorithm [J]. International Journal of Remote Sensing, 21(16): 3179-3185.

MEER F V D, 2004. Analysis of spectral absorption features in hyperspectral imagery [J]. International Journal of Applied Earth Observation and Geoinformation, 5(1): 55-68.

MEER F V D, JONG S M D, 2000. Improving the results of spectral unmixing of Landsat thematic mapper imagery by enhancing the orthogonality of end-members[J]. International Journal of Remote Sensing, 21(15): 2781-2797.

MEER F V D, WERFF H V D, RUITENBEEK F V J, et al, 2012. Multi-and hyperspectral geologic remote sensing: a review [J]. International Journal of Applied Earth Observation and Geoinformation, 14(1): 112-128.

MURPHY R J, MONTEIRO S T, SCHNEIDER S, 2012. Evaluating classification techniques for mapping vertical geology using field-based hyperspectral sensors [J]. IEEE Transactions on Geoscience and Remote Sensing, 50(8): 3066-3080.

MURRAY I, WILLIAMS P C, 1987. Chemical principles of near-infrared technology [J]. Near-infrared Technology in the Agricultural and Food Industries: 17-34.

MUSTARD J F, LI L, HE G, 1998. Nonlinear spectral mixture modeling of lunar multispectral data: implications for lateral transport [J]. Journal of Geophysical Research, 103: 19419-19426.

MUSTARD J F, PIETERS C M, 1987. Quantitative abundance estimates from bidirectional reflectance measurements [J]. Journal of Geophysical Research: Solid Earth(1978—2012), 92(B4): E617-E626.

MUSTARD J F, SUNSHINE J M, 1999. Spectral analysis for earth science: investigations using remote sensing data [M]. Manual of Remote Sensing, 3: 251-307.

PELKEY S M, MUSTARD J F, MURCHIE S, et al, 2007. CRISM multispectral summary products: parameterizing mineral diversity on Mars from reflectance [J]. Journal of Geophysical Research: Planets(1991—2012), 112(E8): 171-178.

PIETERS C M, 1983. Strength of mineral absorption features in the transmitted component of near-infrared reflected light: first results from RELAB [J]. Journal of Geophysical Research: Solid Earth(1978—2012), 88(B11): 9534-9544.

PLAZA A, MARTÍN G, PLAZA J, et al, 2011. Recent developments in endmember extraction and spectral unmixing [J]. Optical Remote Sensing, 2011: 235-267.

POUR A B, HASHIM M, GENDEREN J V, 2013. Detection of hydrothermal alteration zones in a tropical region using satellite remote sensing data: Bau goldfield, Sarawak, Malaysia [J]. Ore Geology Reviews, 54: 181-196.

QI Y, DENNISON P E, JOLLY W M, et al, 2014. Spectroscopic analysis of seasonal changes in live fuel moisture content and leaf dry mass [J]. Remote Sensing of Environment, 150: 198-206.

ROBERTS D A, GARDNER M, CHURCH R, et al, 1998. Mapping chaparral in the Santa Monica Mountains using multiple endmember spectral mixture models [J]. Remote Sensing of Environment, 65(3): 267-279.

ROBERTS D A, YAMAGUCHI Y, LYON R. 1986. Comparison of various techniques for calibration of AIS data [R]. NASA STI/Recon Technical Report N, 87: 12970.

RODGER A, CUDAHY T, 2009. Vegetation corrected continuum depths at 2.20 μm: an approach for hyperspectral sensors [J]. Remote Sensing of Environment, 113 (10): 2243-2257.

RODGER A, LAUKAMP C, HAEST M, et al, 2012. A simple quadratic method of absorption feature wavelength estimation in continuum removed spectra [J]. Remote Sensing of Environment, 118: 273-283.

SALINAS F, NEVADO J J, MANSILLA A E, 1990. A new spectrophotometric method for quantitative multicomponent analysis resolution of mixtures of salicylic and salicyluric acids [J]. Talanta, 37(3): 347-351.

SCHMIDT F, LEGENDRE M, MOUËLIC S L, 2014. Minerals detection for hyperspectral images using adapted linear unmixing: LinMin [J]. Icarus, 237: 61-74.

SCHMIDT K S, SKIDMORE A K, 2003. Spectral discrimination of vegetation types in a coastal wetland [J]. Remote Sensing of Environment, 85(1): 92-108.

SHKURATOV Y, STARUKHINA L, HOFFMANN H, et al, 1999. A model of spectral albedo of particulate surfaces: Implications for optical properties of the Moon [J]. Icarus, 137: 235-246.

SIEGAL B S, GOETZ A F, 1977. Effect of vegetation on rock and soil type discrimination [J]. Photogrammetric Engineering and Remote Sensing, 43(2): 191-196.

SINGER R B, 1981. Near-infrared spectral reflectance of mineral mixtures: systematic combinations of pyroxenes, olivine, and iron oxides [J]. Journal of Geophysical Research: Solid Earth(1978—2012), 86(B9): 7967-7982.

SMALL C, 2001. Estimation of urban vegetation abundance by spectral mixture analysis [J]. International Journal of Remote Sensing, 22(7): 1305-1334.

SMITH M O, JOHNSON P E, ADAMS J B, 1985. Quantitative determination of mineral types and abundances from reflectance spectra using principal components analysis [J]. Journal of Geophysical Research: Solid Earth(1978—2012), 90(S02): C797-C804.

SMITH M, OLLINGER S V, MARTIN M E, et al, 2002. Direct estimation of aboveground forest productivity through hyperspectral remote sensing of canopy nitrogen [J]. Ecological Applications, 12(5): 1286-1302.

SUNSHINE J M, PIETERS C M, 1993. Estimating modal abundances from the spectra of natural and laboratory pyroxene mixtures using the modified gaussian model [J]. Journal of Geophysical Research, 98(E5): 9075-9087.

TONG Q, XUE Y, ZHANG L, 2014. Progress in hyperspectral remote sensing science and technology in China over the past three decades [J]. IEEE Journal of Selected Topics in Applied Earth Observations and Remote Sensing, 7(1): 70-91.

TONG Q, ZHANG B, ZHENG L, 2006. Hyperspectral remote sensing: the principle of the technology and application[M]. Beijing: Higher Education Press.

VIPUL K, RAJSHREE M, 2007. Simultaneous quantitative resolution of atorvastatin calcium and fenofibrate in pharmaceutical preparation by using derivative ratio spectrophotometry and chemometric calibrations [J]. Analytical Sciences: The International Journal of the Japan Society for Analytical Chemistry, 23(4): 445.

WU T, ZHANG L, CEN Y, et al, 2014. Light weight airborne imaging spectrometer remote sensing system for mineral exploration in China [J]. SPIE Sensing Technology Applications, 9104(9): 891-894

XIU L, CHEN C, ZHENG Z, et al, 2014. Design and application of core mineral spectrometer [J]. Chinese Optics Letters, 12(8): 88-92.

YAN B, WANG R, GAN F, et al, 2010. Minerals mapping of the lunar surface with clementine UVVIS/NIR data based on spectra unmixing method and Hapke model [J]. Icarus, 208(1): 11-19.

YAN B, LIU S, WANG R, et al, 2008. Experiment study on quantitative retrieval of mineral abundances from reflectance spectra [C]. Remote Sensing of the Environment: 16th National Symposium on Remote Sensing of China.

YAN J, ZHOU K, LIU D, et al, 2014. Alteration information extraction using improved relative absorption band-depth images, from HJ-1A HSI data: a case study in Xinjiang Hatu gold ore district [J]. International Journal of Remote Sensing, 35(18): 6728-6741.

YIN Z, LEI T, YAN Q, et al, 2013. A near-infrared reflectance sensor for soil surface moisture measurement [J]. Computers and Electronics in Agriculture, 99: 101-107.

ZAAZAA H E, ABBAS S S, ABDELKAWY M, et al, 2009. Spectrophotometric and spectrodensitometric determination of Clopidogrel Bisulfate with kinetic study of its alkaline degradation [J]. Talanta, 78(3): 874-884.

ZHANG J, RIVARD B, SANCHEZ-AZOFEIFA A, 2004. Derivative spectral unmixing of hyperspectral data applied to mixtures of lichen and rock [J]. IEEE Transactions on Geoscience and Remote Sensing, 42(9): 1934-1940.

ZHANG L, LI D, TONG Q, et al, 1998. Study of the spectral mixture model of soil and vegetation in Poyang Lake area [J]. International Journal of Remote Sensing, 19(11): 2077-2084.

ZHAO H, ZHANG L, CEN Y, et al, 2013. Research on the characteristics of strong linearly related bands based on derivative of ratio spectroscopy [J]. Journal of Infrared and Millimeter Waves, 32(6): 563-568.

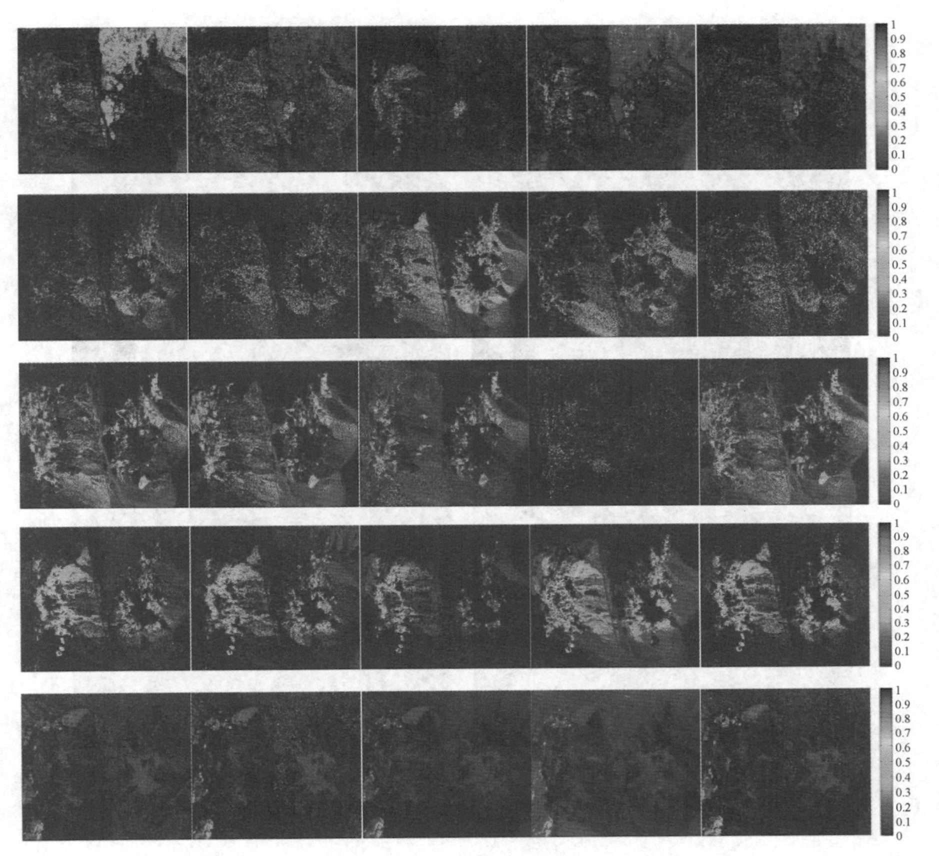

图 3.12　航空高光谱数据解混丰度

注：从上到下为菱镁矿、明矾石(2.16 μm)、高岭石、明矾石(2.18 μm)和方解石，从左到右为线性模型、NL 模型、CR 模型、LCR 模型和 SH 模型

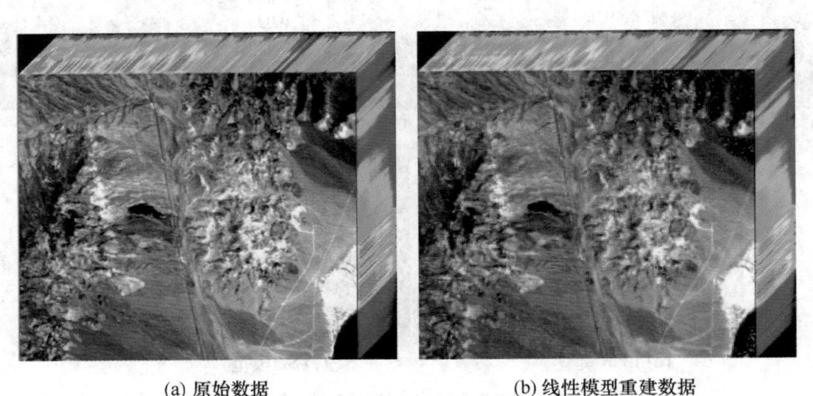

图 3.13　原始数据和各模型重建数据三维立方体

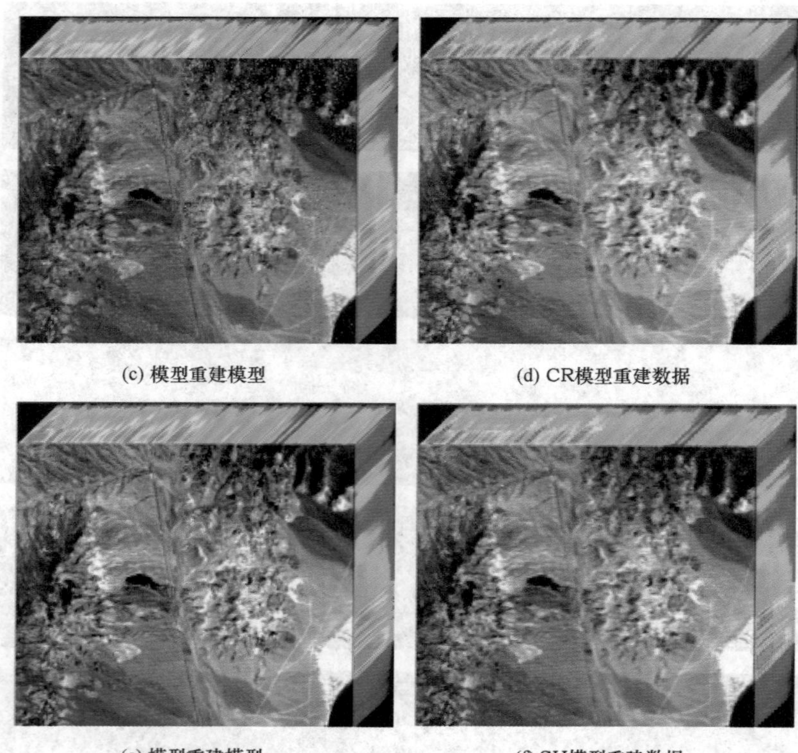

(c) 模型重建模型　　(d) CR模型重建数据

(e) 模型重建模型　　(f) SH模型重建数据

图 3.13(续)　原始数据和各模型重建数据三维立方体

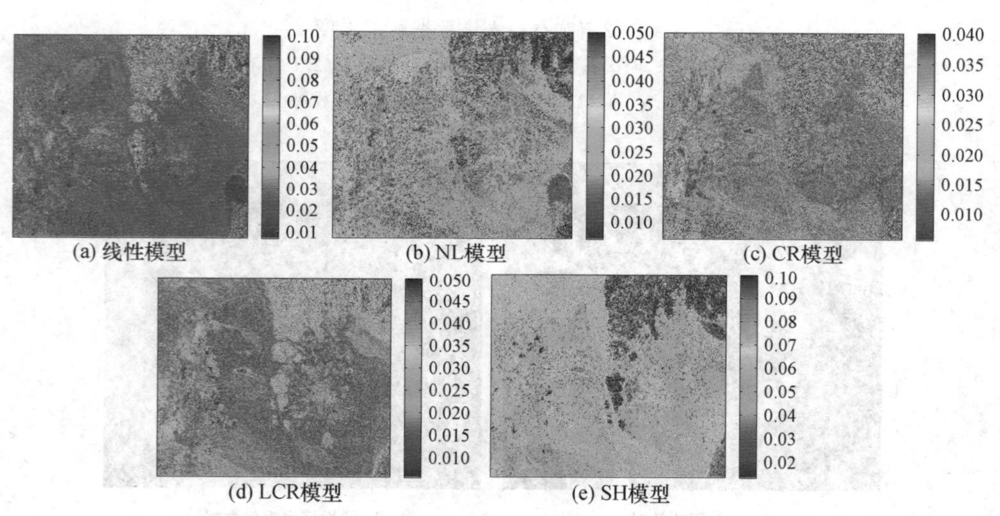

(a) 线性模型　　(b) NL模型　　(c) CR模型

(d) LCR模型　　(e) SH模型

图 3.16　航空高光谱数据 MRR 空间维误差

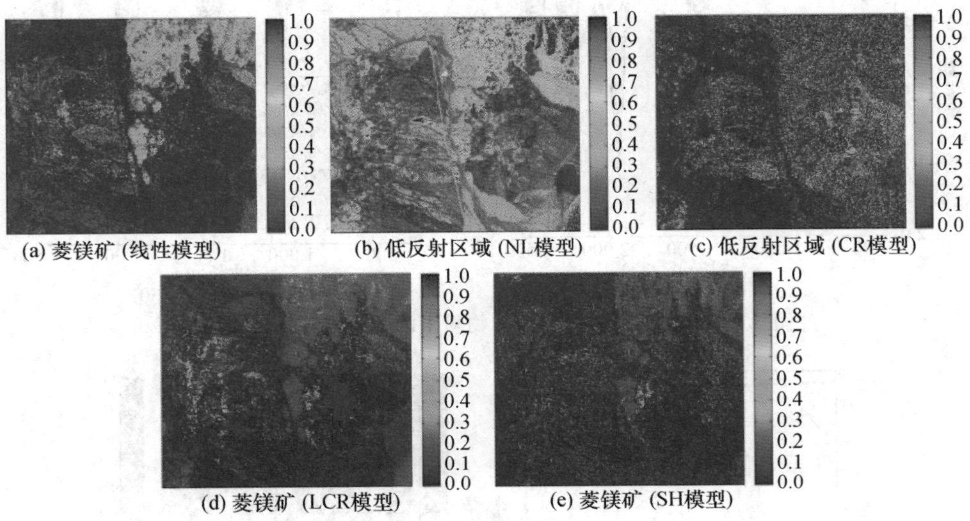

图 3.17　与 MRR 空间维误差相关性最高的端元丰度

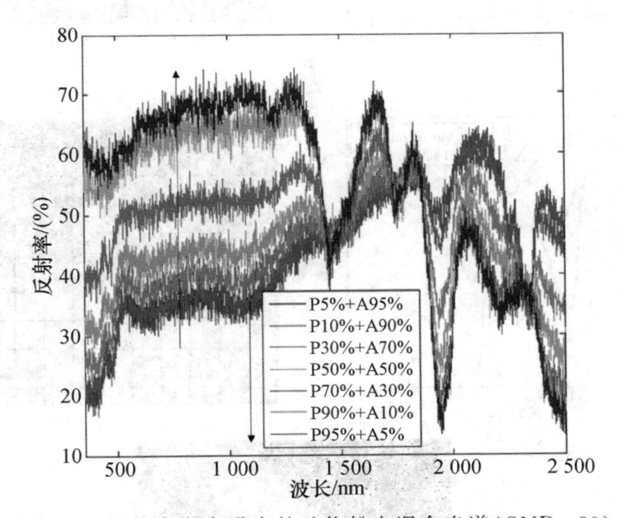

图 5.6　添加高斯白噪声的矿物粉末混合光谱（SNR=30）

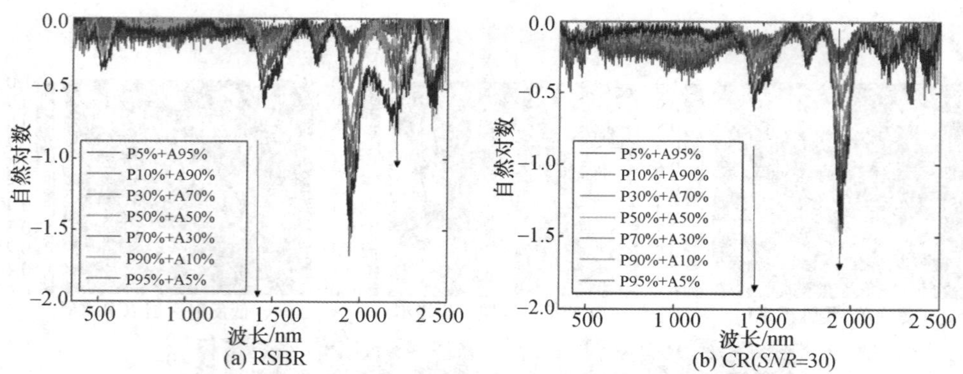

图 5.7　添加高斯白噪声的矿物粉末混合光谱背景去除结果

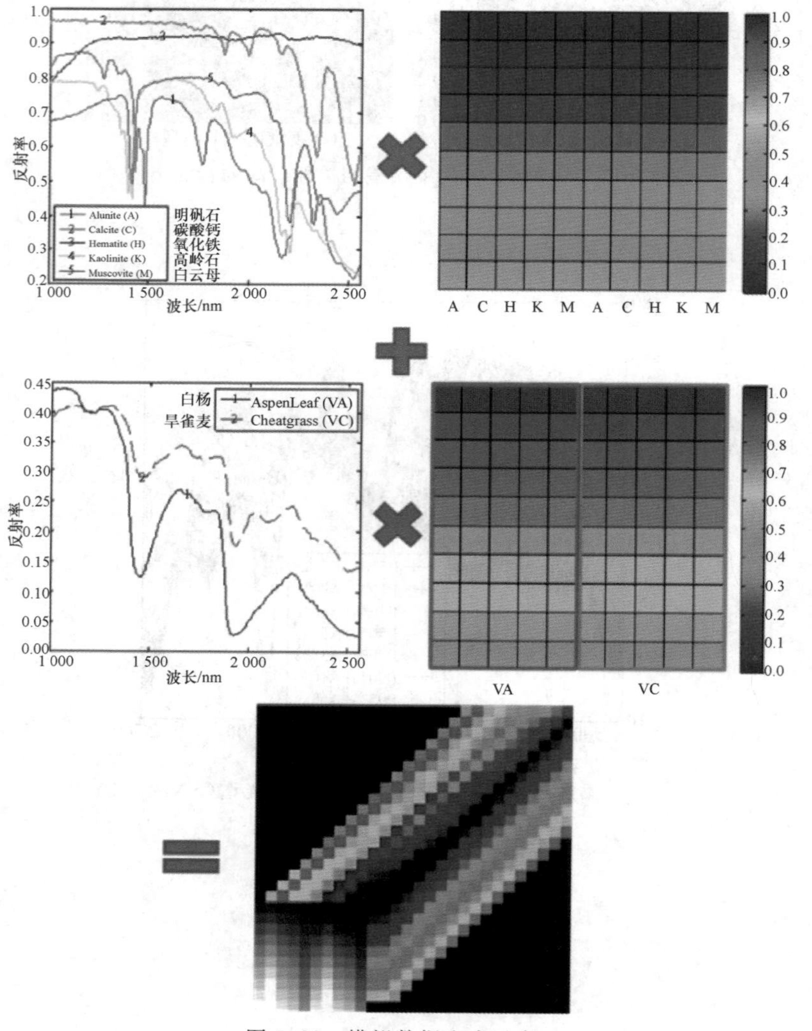

图 5.22　模拟数据生成示意